菁品出版 · 出版精品

菁品出版・出版精品

菁品出版・出版精品

菁品出版·出版精品

職場新人
脫胎換裝指南
不動聲色漲姿勢

全方位直擊職場新人的隱痛，治療苦逼上班族的幽默書

◎脫胎換【裝】＝裝腔【作勢】

◎職場新人，拼的不是腦漿是裝腔

◎要裝就裝全套

◎360度無死角

戴上面具，披荊斬棘

　　混豆瓣的小清新都在嘲笑「裝13」。不懂什麼叫「裝13」？那就試想「13」中間的間隙無限趨近於零，而使它的形狀無限趨近於「B」，小清新們列舉了很多「裝13」的熱詞，比如「星巴克」、「哈根達斯」、「依雲」、「威士卡」、「三明治」、「百合」、「牛排」、「阿瑪尼」、「終極」、「詩意」、「博爾赫斯」、「杜拉斯」、「王家衛」……這些美麗的、小資的、時尚的、有品味的、極富裝飾性的詞，簡直不勝枚舉。

　　小清新覺得真正能混進上流社會的人很少，但有些人要顯示出自己有格調、有品味，擁有優雅的風姿和精英的趣味，於是這種邏輯的結果就是「裝13」，簡稱裝。其實，多年以前裝腔就已經成為大家熱衷攻擊的行為。尤其是針對喜歡用時尚概念和高端品牌包裝自己的小資白領，以及喜歡用大詞、美詞、洋詞說話的知識份子。但十多年的時間裡，大家愛裝、比著裝，又同時以裝腔為恥的現象絲毫沒有減弱。這就好像我們的主流道德規範不停強調

「金錢如糞土」、「愛錢很可恥」，而同時大家又前赴後繼地去搶著吃屎一樣。而在眾多草根心裡，最「裝 13」的就是小清新。所以，大家樂此不疲地熱衷「一秒鐘毀小清新」。

其實大家都在裝，其中的差別只是裝得好不好、裝得像不像而已。每個人都時間緊迫，如果不是深入交往，很難有人願意仔細發現你的內在美好，而是往往將你的外在表現視作你的內在真實。尤其是對初入職場的新人來說，如何讓職場老鳥們一眼看見你時不生出反感情緒，你就需要讓自己看起來更好、更有實力、更有品味。

記住，這是一個需要裝腔的社會，一味的單純幾乎可以等同於死不悔改的愚蠢。保留你內心的柔軟，但在荊棘叢生的社會與職場，請你為自己裝上自我保護的盔甲，自強不息，裝腔不止。

FOREWORD

目　錄
CONTENTS

CHAPETR ONE
職場新人，拼的不是腦漿是裝腔

理想很豐滿，現實真骨感　**/018**

職場新人，拼的不是腦漿是裝腔　**/019**

瞻仰苦逼前輩，皆因不會裝 B　**/021**

看看屌絲標準像，千萬別中槍　**/023**

要裝就裝全套，360 度無死角　**/024**

CHAPETR TWO
職業「裝」，面試入職妥妥兒的

沒有牛哄哄的經歷，也要有清爽爽的簡歷　**/028**

適度注水，為簡歷「隆胸」　**/030**

看看男人裝，畫個精緻的職業妝　**/033**

職業裝閃亮登場，閃瞎對方的氪金眼　**/034**

高調秀「反骨」的人，慢走不送！　**/036**

華麗麗的開場白，小清新般微微笑 　/038

善用「裝腔作勢」，不怕考官刁難 　/041

談待遇要直來直去，掖著藏著只有自討苦吃 　/043

擺出忠誠的臉，留出撤退的路 　/044

未雨綢繆學「跳槽」 　/046

獵人頭也會裝，貪心就中招 　/048

對不公平 Say No！法律常識幫你撐足氣場 　/049

CHAPETR **THREE**

職場，就是場打怪升級的網遊

所謂「新手」，就是打雜低頭 　/054

動作是爭名奪利，姿態是深藏功名 　/056

真傻、裝傻，傻傻分不清楚 　/058

接電話、遞名片，細節裡也能漲姿勢 　/060

衣服不合適要扔，語言不合適要甩 　/062

不是蘿莉就別犯嗲，不是女神就別裝純 　/065

偶爾出點無傷大雅的洋相 　/067

謊言是另一種真誠 　/068

輕裝上陣，卸下職場壓力 　/071

CHAPETR FOUR

同事對對碰，菜鳥變老鳥

一起說八卦，但千萬別成八婆　*/076*

請你誇誇他！發自肺腑噠！　*/077*

別把自己活成條褲衩，誰的屁都來接　*/079*

學會求助，別裝職場獨行俠　*/082*

給他一個面子，就是給他一份厚禮　*/083*

會做順風草，哪兒吹往哪兒倒　*/085*

比誰都聰明的人勇奪職場笨鳥 No.1　*/087*

「場面話」左耳進右耳出　*/089*

CHAPETR FIVE

角色扮演，其實領導也在裝

老闆頭等艙，員工上戰場　*/092*

你找老闆談加薪，老闆和你談理想　*/093*

上司擅長迂迴戰，「濃裝」背後另有他意　*/096*

Boss 就是忽悠王，動動嘴巴不用交稅　*/099*

盯緊──他無法偽裝的身體語言　*/100*

好巧！我跟您有一樣的愛好！ /102

當別人都被動時，你要主動 /104

裝腔就要裝得下老闆的錯 /105

裝得像老闆一樣思考 /108

小心！老闆最會玩「無間道」 /109

送禮的同時，還要送一個理由 /111

老闆面前要朝九晚「無」 /112

別天真，老闆不是朋友 /114

端著碗要受管，扛罵扛出戰鬥力 /115

CHAPETR **SIX**

由內而外，修煉裝腔氣場

裝出高端範兒，從關注財經開始 /120

倫敦腔！美音範兒！Whatever！ /122

舉手投足間的氣場養成法則 /124

氣場不如別人強，你也要不卑不亢 /126

愛奢侈品的第一步，叫對它的名字 /127

夠獨立，強大氣場邁出第一步 /130

氣場強大與否，手勢悄悄洩露 /131

鞋跟有多高，氣場就有多盛　**/133**

裝點社交圈，職場社交達人速成　**/135**

内要「裝」，外更要「妝」　**/137**

CHAPETR **SEVEN**

品質生活進階指南

不做死肥宅，泡泡咖啡泡泡吧　**/142**

最易裝腔的身分標籤──體育運動愛好者　**/144**

帶同事回家吃牛排　**/145**

如何表現你是「星巴克的常客」　**/147**

葡萄美酒夜光杯，裝腔不能只靠吹　**/149**

擁有萬件地攤貨，那也只能當個地攤女王　**/152**

別以為内衣、襪子藏在裡面就沒人看見　**/153**

旅行，最具談資的裝腔愛好　**/155**

頭等艙！但凡有機會就坐頭等艙　**/157**

家有萌寵，主人親和力滿分　**/159**

滿屋子花花草草，生活質感飆升　**/161**

你不理財，財不理你　**/163**

買的不如賣的精　**/165**

CHAPETR **EIGHT**

不文藝，你都不好意思打招呼

偶像劇 No！文藝片 Go！ */170*

文藝咖如何談論音樂 */175*

去小劇場浸泡一下文藝氣息 */177*

勵志書放廁所，文藝書裝口袋 */179*

森女、潮男、英倫範兒，裝神馬就是神馬 */181*

抹茶清新綠茶婊，反面教材請記牢 */182*

文藝又洋氣，就來追美劇 */185*

你「單眼」了沒？ */192*

最佳聊天開場白──你是什麼星座 */194*

高端洋氣 VS 原生態 */198*

CHAPETR **NINE**

紅男綠女，各有各的裝法

廁所分男女，所有的事情都分男女 */202*

笑容就是她的武器 */203*

相親時難結亦難 */204*

撒嬌你會不會 */206*

只「感」而不「性」　/208

男人裝精明，女人裝呆萌　/209

坦誠是應該的，保留秘密也是必須的　/210

假裝你真的在聽他的話　/212

姐姐妹妹一起來，跟明星學性感　/213

會不會裝，看男人裝　/216

男人裝的實戰配搭　/219

美麗是要不斷經營的　/221

拉著老公演戲，解除婆媳隱患　/222

火眼金睛看透偽裝，警惕七大惡習　/223

CHAPETR TEN

讓裝腔小硬體轉起來

墨鏡——氣場、神秘都靠它　/228

哥抽的不是煙，是寂寞　/230

可以不抽煙，但 Zippo 手中拿　/232

精緻袖扣，點綴瀟灑雅痞風　/234

四眼如何釋放小宇宙　/235

不懂香水的女人，沒未來　/238

仰慕領袖風範，從領帶開始 /242

一塊腕錶，十足腔調 /244

高端文藝咖當然要用大牌文具 /246

最遠的距離，是從蘋果N袋到蘋果N代 /248

CHAPETR **ELEVEN**

網路裝腔，滴水不漏

微博、臉書之上曬曬生活品質 /252

精挑細選APP，手機螢幕就是你的第二張臉 /253

加V──你是個有身分的人嗎？ /255

超炫簽名庫，文藝、2B應有盡有 /256

老闆，來一碗粉絲！ /258

輕鬆積攢博客人氣 /261

CHAPETR
ONE

職場新人，
拼的不是腦漿是裝腔

理想很豐滿，現實真骨感

對職場充滿期望，對未來充滿想像，對老闆、同事心存幻想……無數即將真正踏入社會的新人菜鳥們覺得，這是他們的世界，這是他們的時代！但——作為一個職場過來人，我有必要對懷抱各種假想的新人說一句，同學，你醒醒！你睜開眼睛看看我啊！

讀著郭小四的書長大的一代，一方面以為自己知道社會的勾心鬥角，另一方面又對未來抱有不切實際的幻想。比如說——

1 你覺得你會在進入職場的頭兩年就嶄露頭角，被老闆發現你的驚世才華，然後予以重用，從此平步青雲。這中間當然會穿插少許嫉妒你的小人，然後在你的老練之下被一一擺平。

懷抱這種想法的人，大多數都不知道這樣一個統計數字。50%以上的職場新人會在頭兩年跳槽。這其中有被裁掉的、被擠掉的、一時衝動的、各種無厘頭原因的。假如一開始就能得心應手，哪來這麼高的跳槽率！

2. 你堅信你忍過頭兩年的窮逼生活，就會迎來有房有車有名牌的中產時代。

這個真的不多說。想想你在擁擠的捷運上，看到過多少大叔大嬸吧。

3. 你會有一個不計較一切的伴侶，對愛情忠貞不渝，你們一起打拼，迎來美好明天。

黑愛情這種事，真沒人願意幹。但柴米油鹽的威力，遠比你想像中要大。如果你不能裝出更好的腔調，不懂得經營，戀人的跳槽率就比職場還要高！

　　不過需要說明一下的是，本條不適合各種「二代」。其實本書大部分內容都不適合「二代」閱讀。畢竟，人家出生就選了Easy 模式，你跟他們沒什麼可比性。所以妄圖通過努力奮鬥和誰誰誰一起喝咖啡的朋友，你想想就洗洗睡了吧。

　　「啊？未來就這樣啊？那人家不想過了啦！」

　　這位公主病又犯了的妹子，這種腔調真的不適合職場。隨時犯嗲、又抱怨重重的新人，一定是辦公室黑名單上的常任委員。真正的腔調，是看過了危機四伏，還能雲淡風輕的談笑。拿著微薄的薪水，還能過出旁人豔羨的生活。就算經驗微薄，也能讓老鳥帶你一起玩。所以，是不是富二代不要緊，端正觀念最要緊；才華出眾與否不重要，腔調足不足才重要。

　　當頭被潑過冷水以後，各位新人，我們來看看職場上的裝腔實例吧。

職場新人，拼的不是腦漿是裝腔

　　騎白馬的不一定是王子，他可能是唐僧；帶翅膀的也不一定是天使，它有可能是蚊子。今天這個大面積轉型的時代，社會分

層正在加速展開，很容易就造成人與人之間的地位、身分差別。判斷一個人是上流還是下層，是成功還是失敗，是占盡風光的潮人還是被落在後面的土鱉，人們依據的往往並非他「幹了什麼」，而是他所展示出來的休閒方式、消費方式等：是在車站站著喝豆漿，還是在星巴克用自帶的杯子喝現煮咖啡；是讀一般的大眾化中文雜誌，還是翻閱面向精英的英文財經刊物；是唱眾人皆知的流行歌曲，還是聽東洋西洋獨立歌手的 CD；是看國產電視劇當沙發土豆，還是進劇院去聽義大利歌劇。諸如此類，在很多人看來就存在著身分之差、等級之別。所以，你的世界別人看起來有多妙，就看你裝腔的功夫好不好。

一起走上職場的新人們，就像超市貨架裡剛上市的新鮮貨品。幾乎差不多的品質、差不多的包裝、差不多的賣相。之後有人似乎被命運之神所眷顧和挑選，而另外一些人則真的像貨品一樣一無人問津，爛在了貨架上。

為什麼資質相仿、背景類似的新人，之後會有不同的境遇？那都是因為你不會裝！你不會把自己好的一面盡情地展現在大家眼前。大家看不到你的好，怎麼會對你格外垂青呢？而有一些人，明明資質一般，但是會裝，反而能獲得讚賞。年輕人，這就是現實。這麼忙的社會，這麼忙的工作，你自己不裝，誰有時間去慢慢發現你的美？

作家黃明堅有一個形象的比喻：「做完蛋糕要記得裱花。有很多做好的蛋糕，因為看起來不夠漂亮，所以賣不出去。但是在上面塗滿奶油，裱上美麗的花朵，人們自然就會喜歡來買。」做

完蛋糕有了美麗的奶油花朵，就自然贏得了人們的青睞。這就是「裝」的本質——讓你看起來更好、更美、更有前途。那麼，如果你裝腔裝得好，可能機會就落到你的頭上。

瞻仰苦逼前輩，皆因不會裝 B

　　我老父親曾經對我說過這樣的往事。當初還在實行單位分房制度時，他有兩個同事工作都比較勤懇認真，但在分房時，一個老實巴交口拙嘴笨，只知道勤奮工作，希望上司能看到自己的努力。結果已經結婚五年，全家人還擠在一間破舊的平房裡。但另一位呢，經常找上司聊天，也老是在同事們面前假裝不經意的訴苦：「妻子就要生孩子了，家裡小得連一張嬰兒床都放不下。」結果年底分房時，那位會裝的同事被優先考慮，老實巴交的勤奮同事，只能眼巴巴地看著別人住進了寬敞明亮的新房。

　　老好人覺得向上司要求利益，就會給上司找麻煩，影響兩者的關係，所以一心只想埋頭苦幹，任勞任怨，不講利益，只要上司重用，什麼都不敢提，結果往往也是竹籃打水一場空。做好本職工作是分內的事，要求自己該得的也是合情合理的，付出越多，成績越大，應該得到的就越多。

　　只要你能為上司做出成績，向上司要求你應該得到的利益，他也不會在這點小利上斤斤計較。如果你無所作為，業績平平，

無論在利益面前表現得多麼大義凜然，上司也不會欣賞你。事實上，善於管理的上司也善於把利益作為籠絡人心、激發下屬的一種手段。可見，下屬要求利益與上司把握利益，是一種積極有效的處理上下級關係的互動手段。

雖然時代不一樣，但職場上同樣的事情卻一再上演。有的員工在工作上完全稱得上盡職盡責，他的穩重和勤奮在部門裡是有目共睹的。可能會為了核對一個資料，不惜夜以繼日，將白天做的工作重新計算一遍，以確保準確無誤。然而在部門之外，卻沒有人知道他到底多花了多少心思，做了多少額外的工作。

相反，有的人論業務熟悉程度不如前者，但工作的積極性很高，不僅虛心向他人請教，而且經常就工作中一些可改進的地方向老闆提出合理的建議；或者會自覺地找上司，要求承擔額外工作。此外，如果有可能，他還會定期向部門經理彙報最近一段時間工作上遇到的收穫和困惑。這樣，一方面有助於更好地開展工作，另一方面也能使上司瞭解各種客觀因素對他實際工作量的影響。

生活中常有這樣的情況：有的人做了很多，但升遷、加薪的好事往往輪不到他；有的人雖然做的不是很多，但卻受到老闆的讚賞、同事的羨慕，各種好事自然也隨之而來……相信每個人都想做後者不想做前者。所以，學一些職場裝腔手段，將會給你帶來事半功倍的效果。

看看屌絲標準像，千萬別中槍

「屌絲」這個詞兒已經越來越熱，某遊戲廣告直接使用「屌絲」做噱頭，還上了紐約時代廣場。「屌絲」簡直要成為人人爭搶的 Title。但摸著你脆弱的玻璃心告訴我，你真的願意被叫做「屌絲」嗎？

一個標準屌絲大概是這樣的──

出身沒有背景，很多無業遊民屌絲，網上經常以「自由職業者」自居。有的十二載寒窗考上大學，等真正工作後，卻發現沒有獲得理想的效果，投入與產出不成比例，很是得不償失。

最愛網遊，如魔獸世界、dota 等，也愛貼吧，更愛「女神」，愛幻想，卻缺乏行動力，想做而不敢做。心愛的女孩面前，屌絲們通常會自慚形穢，認為自己配不上人家，但當心儀的女孩和別人牽手時，屌絲們又會感到無比失落和悔恨。

屌絲一般使用國產安卓手機或者山寨手機，或者借高利貸甚至更瘋狂的屌絲賣腎臟也要買 iPhone，坐公車的時候不斷打電話或者看短信，好讓周圍的人看見自己的 iPhone。穿打五折的假名牌，但只要看看假名牌上的價位表，自信心馬上爆表。最愛看網路小說，不愛運動，不關心國際政治……

網友總結了屌絲的這麼多典型特徵，在我看來用四個字就可以精練地概括了──沒有未來！因為屌絲們大多已經接受了世界對他們的設定，逆來順受，缺乏改變的行動力。所以真正的屌

絲，一輩子都會是屌絲。

　　之所以寫這本書，是希望讓踏上職場的新人們，稍微瞭解一下職場生活的真相，也順便接觸上流品質生活的細節。當你有了參考的藍本，你的想法和行為就會改變，就會朝向與屌絲相反的方向發展。你是想做一個沒有未來的屌絲，還是拋棄過去那些缺逼格的行為？新人菜鳥們，為自己掙扎一下，裝也要裝出有未來的樣子！

要裝就裝全套，360 度無死角

　　裝腔也有高明和失敗之分，而失敗的裝腔者往往輸在細節上。你已經穿上了全套有品質的名牌，卻搭配了一個廉價的包；你周身散發出強大氣場，卻在開口說話的一瞬間讓大家感覺幻滅；你遊刃有餘地穿梭在職場老鳥中，卻因為行事上一個小差錯，讓大家看到你的幼稚和無知……

　　所有新人們，一定要謹記，為你的腔調加分的可能是某個小小細節，而斷送掉你職場形象的也是這些細節。所以，要裝就一定要全套裝。從穿衣打扮到職場為人處世；從硬體儲備到軟體更新，你都要一一精通。跟隨職場老鳥們的經驗，從入職到升級，步步為營。

　　全套拿下，你才能優雅得體地出現在各種重要場合，網球場

上的穿戴從頭到腳都要專業，晚宴上的禮服熠熠生輝，出席重要發佈會的妝容精緻而莊重……大家從你身上絕對看不出來剛走出校園的青澀稚嫩。

學習全套裝腔術，也能讓你在各種話題間左右逢源。比如你在電腦公司工作，和別人談起哲學來，也可以從中國的先秦講到古希臘羅馬，從孔子講到亞里斯多德。你也許不是某一領域的專家，但也從來不會讓人看到一個窘迫的外行。喝酒時，白葡萄酒配白肉，紅葡萄酒配紅肉，要專業；發表影評時要專業，誰是第四代、誰是第五代導演要心中有數；到同事家做客，諳熟客廳油畫的風格，屬於古典主義流派還是現代主義流派要涇渭分明，被別人問起來要說得頭頭是道。

閒話少說，現在就開始我們的裝腔實戰課吧！

CHAPETR

TWO

職業「裝」，
面試入職妥妥兒的

沒有牛哄哄的經歷，也要有清爽爽的簡歷

職業「裝」的第一步，就是裝點一份清爽得體的簡歷。這是求職成功的第一步，也可能是最難的一部分。再大的波浪也死在沙灘上，再牛的求職者也許就在這一步被無情拒絕，初入職場的菜鳥們更是其中的主角。

我有一個做 HR 的閨蜜，經常跟我抱怨說又收到了一大堆無用簡歷，大多數都是應屆畢業生，而她「看都懶得看」。並不是這些簡歷的主人自身條件太差，而是簡歷本身實在慘不忍睹。「錯別字連篇、格式不正確、重點找不到，」我親愛的閨蜜說，「我一天得看多少封簡歷啊，遇到這樣的直接右鍵刪除。」

其實，大多數畢業生的人生履歷比較類似，HR 們也並不指望一個初出茅廬的菜鳥有多閃亮，但一份清爽明晰、格式正確、重點突出的簡歷，是他們接受你的底線。連製作一份得體簡歷都不行的人，會被接納才是怪事。

得體簡歷第一步 —— 工整、工整、還要工整

首先，簡歷格式一定要規範工整。比如，用 IT 大佬、眾多菜鳥求職者心中的神殿 ——「微軟」的話說，簡歷一定要「介面友好」。就是得讓看簡歷的人第一印象不錯，不至於只匆匆掃一眼就直接扔進垃圾桶。其實說白了，就是該對齊的地方要對齊，該空行的地方要空行，該用黑體、該用大號字的地方要用黑體大號字。

得體簡歷第二步——重點、重點、要有重點

也有的人太想表現自己對於 Word 操作的熟練程度了。一篇簡歷一千字不到，就用超過五種的字體，還不包括陰影、斜體、底線、加重號。其實，HR 們都是老手，看過無數份的簡歷，對於一份正確格式的簡歷，他們很容易就會看到重點，不需要再用各種各樣個性的字體、符號，將自己認為的光輝事蹟著重展現出來。過多的特殊格式會讓簡歷顯得凌亂不堪，讓本來就已經很煩躁的眼球沒有往下看的願望。

當然，適當將自己的「牛掰」重點強調出來是可以的。好鋼用在刀刃上，要真正牛掰才可以。比如你曾在麥肯錫實習過，比如哪位業界大牛給你寫過推薦信、比如你大學負責的項目拿到了行業大獎……類似這樣的事蹟才有突出的必要，而且宜少不宜多，少才精，才重點突出。類似什麼「學院晚會掰腕子冠軍」、「校運動會跳繩比賽第七名」這樣的事蹟，放在興趣愛好裡點到即可，真的用著重號突出的人，腦袋一定是被門夾過。

也有菜鳥想把內容壓縮在一頁紙上，又生怕遺漏任何一個自己的優點，搞得一張紙上密密麻麻的，讓人頭皮發麻。我誠懇地提醒大家，HR 也是有審美的好嗎！HR 也都懂國際美學設計慣例是要留白好嗎！部分 HR 也是有密集恐懼症的好嗎！所以一定要注意空行，讓簡歷顯得更清爽。這就必須要鼓足勇氣刪掉很多自己想擺上簡歷的東西。

得體簡歷第三步——照片 PS，儂曉得伐！

那些審查簡歷的人，在招聘期間每天都要審查太多太多的簡

歷，如果你沒有特殊的教育背景、工作經歷，怎麼才能在第一時間引起別人的注意、盡可能增加別人看你簡歷的時間呢？這個時候，美圖秀秀、魔法照片軟體你一定要必備哦。貼一張美化過的標準照，無疑是個好方法。臉小一點、眼睛大一點，再就是滿臉有大痣能說明你胸有大志嗎？不能！那就抹掉。

什麼？你說忠於自己才是美！長成林志玲、金城武那個模樣，我會讓你不忠於自己嗎？可你偏偏往曾大叔、趙大媽那個方向長……所以，一張親切、微笑、自信，重點是美化過的標準證件照，會比洋洋灑灑的很多文字給別人的印象深刻。

當然，假如你應徵的是某深度技術職位，這個倒不那麼重要。

適度注水，為簡歷「隆胸」

八〇、九〇一代人大多是美劇《老友記》的粉絲，那你一定記得 Joey 在簡歷造假那一集。他自稱會跳芭蕾、會說法語、會彈吉他，但其中沒有一項是真的。後來獲得面試機會，結果出了大糗事。別老盯著 Joey 的糗事，你怎麼不看看，如果不是這份超高水分的簡歷，他連面試資格都沒辦法拿到。

當然，我不是鼓勵你學他造假，這往往會弄巧成拙，為了撒一個謊，可能要繼續撒十個謊才能圓了前面的謊，你被錄用後會

陷入非常麻煩的境地。但是，適度地為簡歷「注水」，讓它看起來更好一些，是絕對可行的。要不然，女人們幹嘛都搶著去隆胸呢！

與其憑空捏造，不如仔細發掘身上的優點，再發揮想像力和創造力，用比較酷的方法表達出來。因為簡歷的最終目標，就是讓你在用人方的第一輪選擇中能夠順利過關，進入面試。如果簡歷上表現出的資訊，基本符合對方的硬體要求，並能給招聘方留下較好的第一印象，就是成功。為了這個目的，你完全可以裝點一下，使用一些技巧包裝自己，如在弱項上避重就輕、避實就虛，而對強項突出渲染等。只要簡歷入了用人機構的法眼，真實能力就留待面試時再發揮吧！

放聰明點，別讓你說缺點，就什麼都說

很多機構在選擇簡歷時，是參照硬體標準來進行的，如專業、學歷、工作年限、年齡、戶口所在地等。當你不符合要求時，可以省略不寫，或者提供模棱兩可的資訊。對方摸不清你的真實情況，但同時又被你的其他長項所吸引，就不會過早淘汰你。比如，你曾做過三份工作，第一份做了一個月，第二份三個月，第三份兩年多。你不想給用人機構留下換工作頻繁的印象，可以省去履歷中工作的月份，只寫年份，這樣前兩份工作根本不必出現。還比如，對方要求學歷為正規本科，而你是通過自修拿到的本科文憑。你只要在學歷一欄填寫「本科」就行了，不要做其他說明。

來點創意好嗎

如果你想去的是文化傳媒類型的公司，要在浩如煙海的求職簡歷中脫穎而出，真得動點腦筋裝一裝。

比如你擅長書法，可以在簡歷前附一封手寫的求職信；如果你有美術功底，不妨在信封的適當位置畫些好看的圖案；如果你對郵票有心得，還可以在信封上貼一兩枚精美的特種或紀念郵票，與滿眼的「民居」形成視覺反差，說不定對方是個集郵愛好者呢！這些細節，都可以令你的簡歷在第一眼就顯得「突出」，給人留下深刻印象。

我有個剛要畢業的侄女，有一家著名的 4A 廣告公司到他們學校宣講，整個現場被學生投來的簡歷占滿了。她對自己能不能勝出實在沒有信心。忽然看見了校園裡賣聖誕賀卡的小商店，於是馬上買下一張精美的音樂卡。在首頁用好看的鋼筆字寫下對招聘官的問候，翻開來，伴隨著動聽的音樂，是她貼得工工整整的簡歷，並且親自把這份「祝福簡歷」送到招聘官手裡，於是進入了第一輪面試！

願意還是不願意，廢話當然是 I do

對某些經常需要加班、出差的工作，如果你想要去這家公司，一定要直接寫上「願意在晚上和週末工作」、「能夠適應經常出差」等。當別的應徵者都不願意作出犧牲時，你就可以憑此獲得機遇。

知道哪些地方是可以注水的安全區

一、你的學生經歷。班幹部、學生領袖、學校活動，適度美化和虛高都可以，沒人會去調查。

二、特長。「特長」這個詞往往在別人眼裡是一個盲點，適度地增加一些特長，能讓你整個人顯得更豐富有趣，但可千萬別學 Joey。

最後說一句，裝點簡歷注點水，無傷大雅。但一定要把握一個「分寸」，不裝不成器，裝得太狠，又容易栽跟頭。個中玄妙，自己試幾次就知道了。

看看男人裝，畫個精緻的職業妝

為什麼《男人裝》賣得那麼好？封面上千嬌百媚、欲露還休的美女當然是第一要義。不僅如此，現代社會，美麗已經成為一種經濟。在商場，富有商業經驗的管理者，會選擇漂亮迷人的女孩作為商場導購人員，美女們甜甜地一笑，總能牽動不少人的錢包；在車展，千姿百態的車模們成為會場的寵兒，成千上萬的男士們忘情地流連其中，不知道是在看車，還是在「賞花」；更有精明的商人，已經不再停留於靠美女賺錢的階段，而大張旗鼓地做起了「美女經濟」，他們靠漂亮女人為服裝、飾品、化妝品做廣告，吸引著無數愛美、要美的女人爭相追逐，而這些女人由此獲得的回報又使她們「無法自拔」地沉醉其中。總之，這個世界總是為美人開道，似乎上帝都更眷顧美人。

菜鳥要從俏皮可愛的學生轉型到幹練爽朗的職場先鋒，在為

人生的嶄新路途做好所有的準備時，合適的妝容，不僅能讓你贏得別人的好感，甚至可以幫助你得到「專業」、「能幹」的認可。一個蓬頭垢面、灰頭土臉的人出現在面試官面前時，會讓每天工作忙碌的 HR 們多麼失望透頂。

如果你不太會化妝，可以多多翻閱一些美容時尚雜誌，或者請教一些會化妝的「閨中姐妹」，她們都會告訴你一些化妝的技巧和竅門。比如一些常識性的妝容知識：底妝要選擇有保濕效果的粉底。儘量選用接近自己膚色的自然色彩，即使膚色偏黑，也不要去挑選顏色低於二號的粉底，以免顯得不自然。又不是去應徵藝妓，千萬別硬生生把自己塗得像是刷過了多樂士牆面漆。倘若膚色偏白或黃，則在粉底外再撲上些粉紅、粉紫色的蜜粉，營造白裡透紅的光彩。稍微塗點唇彩，一定要輕而薄。記住唇線不要太明顯，否則會顯得品味很差。同時，在選擇口紅顏色的時候，一定要掌握分寸，以不搶眼為好。

平時多關注一些美容類節目和潮流雜誌，你要知道，以後融入老鳥們的世界，這些都是你豐富的談資來源。

職業裝閃亮登場，閃瞎對方的氪金眼

不管是面試還是入職，也要裝得像久經沙場的老鳥。尤其是入職以後，沒有人會因為你是新人而對你格外優待。破洞牛仔

褲、帆布鞋、荷葉邊的花裙子，拜託你把這些東西都壓箱底去吧。職場上穿得太幼稚隨意，大家只會覺得你裝嫩不成熟。

該怎麼穿？看看你的同事們，看看他們是什麼風格，照葫蘆畫瓢你總會吧。還有一個保險的方法，就是買幾套有質感的職業套裝。成熟得體的職業套裝，能讓你裝出一副靠譜的職場人形象。在一群奶味濃厚的新人中，你這樣閃亮登場，讓老鳥們覺得你是他們其中的一員，當然也更易獲得賞識。

不過，好一點的套裝往往價格驚人，然而投資在一套優質套裝上，也還是物有所值的。廉價的套裝雖然款式還可以，但它的材質、工藝、細節等內在品質必定大打折扣。穿這樣的套裝是讓人一眼就看穿你的面子的。多花些錢買一套優質套裝，選擇經典的款式、適合自己的色彩，一般至少可以穿三年而不過時。

套裝具有優雅、大氣、穿著簡便的優點，但往往缺乏一些靈氣與活力，為了提高套裝的靈活度，可以多變變花樣。比如，一件品質精良的針織無袖背心、一條色彩鮮明的絲巾、一件荷葉邊的襯衫，都能為套裝增添「內秀」，讓搭配更上一層樓。善於把套裝「拆開」的人，可以大大提高自己靈活多變的形象。比如，用套裝上衣搭配一條同色系或者黑色等百搭色的中裙，套裝的裙子或長褲則搭配無袖背心，加上一條披肩，既可以穩坐辦公室，也可以去參加 Party，無論在哪都不會有失體面。

另外還有幾點必須要說明的服裝搭配建議。首先，你在選擇服裝的時候一定要考慮自己的膚色。膚色白淨的人，適合穿各色服裝；膚色偏黑或發紅者，忌穿深色服裝；膚色發黃或蒼白者，

宜穿淺色服裝等。大部分國人還是以白為美的，假如你有蜜糖色的深色肌膚，建議還是去國外的沙灘上顯擺，在國內你就老老實實的不要選擇黃色衣服。

而不同的形體條件也是你選擇服裝的依據，再好看的服裝也要合適你的尺碼。記住這一點：沒有不好看的衣服，只有不合適的衣服。以下是著名時尚編輯關於服飾搭配的建議，仔細看一看，千萬別撞上了「雷區」。

一身都是黑色也許能夠顯出知性、沉穩的風格，但是也稍微給人一點亮點吧。一條亮色的圍巾，一些晶瑩的配飾都不會讓你顯得那麼死板僵化。飾品的佩戴要少而精，別把自己裝扮成了「聖誕樹」。

當你穿上得體的職業套裝、畫著精緻的職業妝，就在一群乳臭未乾的菜鳥們面前盡情地顯擺吧，讓他們知道你才是他們中間話語權的掌握者。

高調秀「反骨」的人，慢走不送！

年輕人嘛，沒有點叛逆都不好意思稱自己是年輕人。人人都覺得自己特立獨行超有型，好像天生有一根「反骨」，熱愛表現自己反傳統的觀念和與眾不同的行為方式。時下的種種媒體，包括圖書、雜誌、電視等，也都在跟風宣揚個性的重要性。

千萬別被誤導啊！展示你的個性當然沒錯，但也要注意場合。在面試時，適當顯露一些獨立思考、個性張揚的品質，是可以接受的。有時候也能在眾多面試者中凸顯出來。但一定要把握好分寸，如果你敢挑戰面試官的忍耐度，非得唱反調不可……

　　我的 HR 好友曾經遇到過個性張揚的前衛女孩。從她的打扮來看，她熱愛無拘無束的生活方式，把平凡、規矩、條條框框視為死敵：露臍裝、超短裙、沖天辮，手腕上一串數十個銀手鏈……

　　看在她的專業能力和外語口語能力都不俗，我朋友對她說：「你的條件很優秀，可以勝任這項工作。不過，我想提醒你，我們公司對服裝方面有一定要求，不能太隨便，更不允許暴露……」沒想到立即被對方搶白：「我的能力與我的衣著沒有任何關係，這麼穿我覺得最舒服。難道貴公司要以衣裝取人嗎！」說完還展示了一個自信的笑容，完全不知道 HR 手中的筆，默默在「錄取」這個選項旁畫了一個大叉。

　　我真不明白，一個應徵會計師的人為什麼要穿得跟參加畢業鬼混 Party 一樣，而且對掌握你生殺大權的 HR 毫不尊重。這樣的人，只能送她四個字——慢走不送。

　　當然了，張揚個性肯定要比壓抑個性舒服。但是如果張揚個性僅僅是一種任性，僅僅是一種意氣用事，甚至是對自己的缺陷和陋習的一種放縱，那麼，這樣的張揚個性對你的前途肯定是沒有好處的。

　　很多人樂衷於張揚的個性，相當一部分是一種習氣，是一種

希望自己能任性地為所欲為的願望。他們不希望把自己的行為束縛在複雜的條條框框中，他們希望暢快地發洩自己的情緒。但社會是一個由無數個體組成的人群，每個人的生存空間並不很大，所以當你想伸展四肢舒服一下的時候，必須注意不要碰到別人。當你張揚個性的時候，必須考慮到你張揚的個性是什麼，必須注意到別人的接受程度。如果你的這種個性是一種非常明顯的缺點，你最好的選擇還是把它改掉，而不是去張揚它。

愛叫板的你現在是不是要告訴我，愛因斯坦在日常生活中不拘小節，巴頓將軍性格極其粗野，畫家凡・高是一個缺少理性、充滿藝術妄想的人，他們能這樣，為什麼我不能這樣？拜託，一百年裡難有一個愛因斯坦，但粗心大意不拘小節的人倒是有千千萬。在你成為第二個誰誰誰以前，在你連職場大門都還沒踏入以前，像面試這樣的場合還是收起反骨為妙。

華麗麗的開場白，小清新般微微笑

首先說，面試開場白真的很重要。尤其對於新人來說，HR知道你沒有什麼工作經驗，所以會特別看重你面試時的表現，而往往他們從你的第一句話就開始判定你。

怎樣才是精彩的開場白呢？你想想，在朋友圈裡聚會時，總有新朋友加入進來，在做自我介紹時，誰的介紹更能吸引你，打

動你？在有人向你推銷產品或者保險時，誰先說的什麼，更能讓你願意聽他說下去，最後達成購買意願？

還是講講我的閨蜜 HR 告訴我的故事，她遇到過一個資淺的新人。剛說了一句「那我們先簡單瞭解一下你」，就引來了那個女孩子的長篇大論。開始是她的經歷，從大學開始，讀什麼專業，上哪些課，為什麼讀這個專業，為什麼讀這個大學，這個大學有多好（前一百名裡都搜不到），在大學裡做過什麼，然後是怎麼找工作，以前上班做得怎麼不錯，多次受到上司的表揚（我的 Boss 一天不知道要表揚多少回我），然後是為什麼離開等等，只差連感情心路歷程都龍門陣出來了。我的閨蜜耐心傾聽了十五分鐘以後打斷了她。

因為 HR 的每一次面試都要考察應徵者將近十個方面的素質，諸如溝通能力、分析能力、適應能力等，而且還要在三十分鐘內讓面試者清晰和明確地瞭解他將來所要從事的工作，所以時間是比較緊的。可這個女孩子的演說完全沒有顧及到和 HR 的交流和溝通，只是一味地想表現自己。你畢竟是個資淺的新人，有多少成績能真正讓 HR 動容呢？只會讓 HR 覺得你太過自戀，又缺乏溝通的技巧和意願。閨蜜說，最後她問這個女孩子感覺怎麼樣，女孩兒自信地對她說，「挺好的！那我等你電話啊！」

拜拜了您 ！不送！

其實，成功的自我介紹，不僅依靠聲調、態度、言行舉止的魅力，而且還要考慮適當的時間和地點以及當時的氛圍。比如把握好時機。所謂好時機，一方面不破壞或打斷考官的興趣，另一

方面又能夠很快抓住對方的注意力。在需要等待的時候，一定要等待，而且努力使自己當好考官談話的聽眾。蹩腳的自我介紹，會在主考官面前大打折扣——急於表現自己，在不適當的時候打斷考官的談話；誇大表現自己，長篇大論，誇誇其談。

自信沒有錯，但一定要說重點。短短幾分鐘，還是與該公司有關的好。如果是一家電腦軟體公司，應說些電腦軟體的話題；如果是一家金融財務公司，便可跟他說錢的事，總之投其所好。但有一點必須謹記，話題所到之處，必須突出自己對該公司作出的貢獻，如增加營業額、降低成本、發掘新市場等。

最後告訴你開場白的大忌——切忌以背誦口吻介紹自己。一聽就知道你熬了幾個通宵寫好的開場白，HR 會覺得特別好笑。所以儘量自然流暢，中間還可以稍稍停頓，給對方報以微微一笑，讓他覺得你既懂得禮貌，也懂得策略性地為自己贏得思考時間。總而言之，提前打好腹稿，說他所想，最後加上小清新的微笑，基本就搞定了八成了。

善用「裝腔作勢」，不怕考官刁難

一般情況下，HR 們面試資深人士會問一些比較高難度的問題，但對待職場新人，大部分 HR 都有仁慈的一面。所以，刻意刁難大多數情況下不會發生。通常只有考官特別不喜歡這個面試者，或者特別欣賞這個面試者，這兩種極端情況下才會發生。如果你不幸遇到前者，只有祝你一路走好。如果是後者，首先恭喜你，只要你面對刁難拿出對策，就一定會博得 HR 的讚賞，順便在後期談薪水等問題時也有了更大的餘地。但是，如果你在面對刁難時沒能讓他眼前一亮，雖然不至於完全落選，但你也就失去了談條件的資格。

HR 的刁難往往針對求職者的薄弱點，提出的問題比較尖刻。通常對新人會有這樣的刁難：「從你的年齡看，我們認為你擔任經理這個職務太年輕了。」或者「你資歷太淺，恐怕不適合這一職位。」如果你直接回答「不對」、「不會」、「不見得吧」、「我看未必」等等，雖然也能表達出自己的想法，但由於語氣過於生硬，否定過於直接，往往會引起 HR 的不悅。

這個時候你一定要善於「裝腔」，首先微微一笑，假裝認同他的看法，說「我的確存在這些不足。」然後勇敢地看著對方的眼睛，用較慢的語速對他說，「但您這樣的說法也未必全對。」然後開始舉例證明，理由中要直面你的弱勢，承認它，然後再強調你的優勢。造成的感覺就是，你知道你的不足在哪裡，你會努

力彌補，而相較缺點，你的優勢更大。總之，面對這樣一些帶有挑戰性的考題，委婉地加以反駁和申訴，絕不可情緒激動，更不能氣急敗壞，以免引起考官的反感而招致應試失敗。

教你一招險棋——明裡據理力爭，暗地溜鬚拍馬。

我有個朋友去某所著名大學面試講師，為了一個實驗課題，他與主考官起了爭執。朋友據理力爭，幾個回合下來，主考官有些急了，說：「你的實驗方案有十處以上的錯誤！」我朋友說：「那只能表明它還不成熟，正因為這樣，我才願意到您的門下學習。」這個時候，我朋友又談起了一本據說「尤其推崇」的書，然後原文引用了幾句話說給主考官聽，然後說「這是我多年前看過的一本書，已經記不清楚作者了，但其中的觀點正是啟發我進行這項實驗的源頭。」主考官這時笑著對他說：「年輕人，這正是我多年前的一本書。」

後來的結果，大家自己猜。

我這個狡猾的朋友，表面上是在和考官爭論，實際上只是為了證明自己願意堅持學術精神。那本「尤其推崇而忘了作者是誰」的書，則是他面試前千方百計找到的。他仔細研究了主考官的著作，挑了一本比較冷門的書。這樣暗地裡的溜鬚拍馬，實際上讓主考官相當受用。

所以，表面上的據理力爭，巧妙地拍了主考官的馬屁。這樣子的裝腔很有姿勢！不過，這一招需要頭腦清晰智商高，一定要慎用，用得好了事半功倍，用不好就趕緊再投簡歷吧。

談待遇要直來直去，掖著藏著只有自討苦吃

這裡要跟大家說一下我大學剛畢業時的慘痛教訓。我面試一家心儀的公司，幾番筆試面試，終於到了談待遇的環節。然後……然後我開始裝清高啊，覺得談錢傷感情啊，說沒關係啊，說都可以接受啊……然後就悲劇了。

所以說，裝腔也要裝對腔，該裝的地方裝，不該裝的地方千萬別裝。談待遇這種時候，就是該直來直去的時候，你想要的條件一定要攤明。當然，作為一個新人，你應該對自己有基本的考量，不能漫天要價，但也一定要有底線。如果是特別好的平臺，可以考慮略降低一些，但是底線啊底線，有時候是比底褲還重要的事情。

當然，也有很多新人跟當初的我一樣，根本就不知道應該怎麼談。這裡就來告訴你，你的工資待遇都包括什麼內容。簡單地說，一個正規的企業，其工資待遇應當包括如下內容：

1. 基本的月薪工資。這個待遇包括：每週不超過四十小時的工作時間，也就是說每天的工作時間不能超出八小時。超出之後應該有加班補償。但這一條要辯證地看，傳媒、文化類行業就基本不會有加班補償。

2. 帶薪休假。能夠在滿一年工作時間的時候，開始享受年帶薪休假七天的待遇。

3. 保險：包括勞工保險、健康醫療保險、勞工退休金保險、公

司團體保險等。

這幾點都是一個合法的、正規的企業必備的條件。當然，如果你的運氣好可以進入外企或者其他好的企業的話，那麼還會有：

1. 每個月的獎金。
2. 各種名目的補貼，如夏費、手機話費、住房、餐費、交通費、停車費等。
3. 每年多發一～三個月的工資。
4. 在你加班的時候能夠按照勞動法拿到加班費，比如平時的加班是本人日工資的 133%～166%，法定節假日加班將拿到日工資的 200%。

這些東西在入職前就應該自己明確，如果對方開出的條件實在不合你意，完全超越了你的底線，那我奉勸你千萬不要盲目入職。當然，部分自視太高的人，本節內容不適合你。

擺出忠誠的臉，留出撤退的路

以下幾節頗有些「教還不會爬的 baby 競走」的意味。沒錯，我希望菜鳥們在入職之初就做好「跳槽」的準備。你當然是要裝出一副忠誠的姿態，「以公司為家」，與老闆共進退。但實際上，你自己得時時刻刻為自己留好後路。

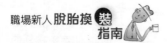

是不是太誇張了？其實一點也不。誇張地說，沒有一家公司會貼心考慮員工的利益。在需要抉擇時，員工利益永遠是被犧牲的。幾乎每個企業都在宣稱員工是他們最寶貴的財富，但這群人往往也是公司最容易放棄的財富。

所以，千萬不要「愚忠」，把公司當家實在是很幼稚的想法。且不說公司自身還不夠大，不夠強，能不能堅持幾十年尚未可知，就是世界五百強企業，也是不可依賴的。瑞典易立信公司重組時，在瑞典的工廠裁減不少於 1700 名員工。為了盈利，對本國的工廠也開始痛下殺手。沒有人懷疑易立信會維持百年，但是也沒有人相信自己一定能夠在易立信工作一輩子。誰也不知道，什麼時候公司會讓你捲舖蓋走人。

同樣的事情也發生在其他的公司。很多全球五百強的企業紛紛裁員，許多被裁掉的員工已經在公司效力十多年甚至數十年。他們已經成為公司賺錢的阻礙，成為了垃圾箱。沒有誰追問到底是為什麼這些曾經為公司的發展做出巨大貢獻的員工，會在一夜之間成了公司的包袱，員工也根本沒有任何權利申辯，除了默默離開去尋找另外一份工作，或者節衣縮食，別無他法。

哪一家公司敢站出來說從來沒有裁過員？哪一家公司敢說自己對得起所有的員工？又有哪一家公司在招聘員工時敢說：加入我們公司，我們會為你提供一生的保障！沒有任何一家公司值得員工去託付終生，只有自己才永遠不會出賣自己。

所以，親愛的菜鳥們，當你進入職場時一定要勤奮工作，但千萬不要把私人感情與公司關係混雜一堂。遇到別處遞來的「橄

欖枝」，也千萬不要急著拒絕。任何時候都應該為自己想好一條全身而走的路。

未雨綢繆學「跳槽」

覺得談這個話題太早了嗎？其實這很可能是你馬上就會遇到的問題。跳槽，幾乎是一般人職業生涯中都要經歷的事情。正確的跳槽，會將你帶入職業成長的快車道，而錯誤的跳槽，則將你帶往職業生涯的停車場。一個獵人頭朋友總結出這樣的跳槽小貼士，菜鳥們看仔細了。

跨行業跳？三思啊

現實中有些人幾乎是在不斷地跳槽，而且往往跨行業跳槽，或者跨職位跳槽。這次是快速消費品行業，下次是服務業；這次做銷售，下次做行政。這種跳法，十有八九到最後一事無成，一把年紀還要跟後輩去人才市場競爭。正確的做法是進入職場幾年內，就要選定自己的發展方向，在一個行業內、一種職能崗位上堅持做下去，力爭成為專家。跳槽可以，但卻絕不輕易換行業。

不滿意就跳？三思啊

獨生子女一代，往往受不得一點氣，稍有不滿意就巴不得儘快逃離。但其實有些問題是企業的共性，不管在哪個企業，都有可能碰到相同的問題。新環境中老問題又會浮現出來。那時你怎

麼辦呢？再跳槽嗎？僅僅因為一些客觀的因素限制而沒有慎重思考就跳槽，其實是一種逃避。

一年一跳？三思啊

你至少應該有在某一個還不錯的公司裡工作三年以上的經歷，因為只有這樣，你才能夠適當地累積起某一領域裡的專業知識、經驗和技能，才能獲得真正的職業競爭力。同時，三到五年一次跳槽，讓你的簡歷也不會難看。

三思而行，三百思就行不了

而當你已經具備足夠實力時，跳槽要當機立斷，不要猶豫不決，寧可冒點風險早做改變，不要躊躇不定錯失良機。當你真的決定跳槽了，那就儘快進行相應的準備。成功的跳槽至少需要2~3 個月的準備時間。不要把跳槽僅僅當成換一個簡單的工作，而是要把它當做自己職業生涯中的一個重要環節。利用這樣的契機加深對自己的認識和瞭解，加深對自己職業目標的評估。

如果你的技能明顯超過工作所需，工作沒有挑戰性，自己也不盡心，甚至感到壓抑，根本無法發揮能力時，應該通過內部轉職找到合適的位置。否則，跳槽或許是唯一的解決方案。鐵達尼號上的每個人都是失敗者——你再能幹也阻止不了巨輪的沉沒，此時逃生是唯一的選擇。所以，當你的企業在市場競爭中半死不活，而你個人又無法改變時，最好的選擇就是跳槽，換一個更能發揮你作用的平臺。

獵人頭也會裝，貪心就中招

說起「跳槽」這個話題，就不免要提到獵人頭。當你有了一定的工作經驗之後，假如你又做得還不賴，那總會有行業獵人頭盯上你，攛掇你跳槽去新的公司。在人人都裝腔的職場江湖，你一定要留個心眼兒。

我聽朋友說起過他的同事，一個老實巴交的技術工程師。他曾經接到神秘的電話，是一家獵人頭公司打來的，問他願不願意去某某五百強外企，並且開出了比他當時收入高出兩倍的薪水。工程師心動不已，又在獵人頭的各種讚美中飄飄然。於是還沒有摸清新工作的底，就貿然提交了辭呈，還附上不菲的違約金，那些錢當時在他看來也就是跳槽後一個月的工資罷了，因而他毫不在意。

去了新公司，他才發現這家公司只是那家著名外企的一個代理公司，在國內只有一個辦事處，所謂的員工都是以派遣的形式給其他大公司工作。看在錢的份上，我們的工程師忍了。開始幾個月公司很爽快地發薪，可是後來慢慢不對勁了，先是工資常常晚發，而且越來越晚。那時，他又恰好接了一個外地的項目，查詢不方便，等到發現公司欠他兩個月的工資時，才意識到問題的嚴重性。他打電話到辦事處問，沒人；親自去了一趟，才發現已經人去樓空。明顯是遇到了一家皮包公司。

險惡職場，這樣的事情並不少見。獵人頭們沒有幫你審查公

司底細的義務，而且也存在著一些獵人頭，就靠著與騙子公司合夥坑蒙為生。只能提醒你，千萬不要相信「免費的午餐」，即便對方投下了很大的誘餌，也一定要三思後行。

假如你在未來遇到獵人頭，也千萬別急著辭掉手邊的工作。裝出一副「需要考慮考慮」的模樣，然後仔細調查新公司的底細，弄清原委後再做打算。

對不公平 Say No！法律常識幫你撐足氣場

這些常識無疑是很枯燥的，但熟記這些法律知識，你才能在職場上遇到不公正待遇時，為自己據理力爭。比如，當 HR 一臉沉痛地告訴你：「對不起，你被公司解雇了。」這個時候你要哭哭啼啼還是摔門而去？當然都不是，你得沉著鎮定地對他說：「按照《勞基法》的規定，我有以下的權益。」然後將以下條例瀟灑地甩給他，狡猾的公司才會敬你三分。

假如不幸遇到裁員—

關於企業裁員的規定。勞動基準法明確了企業裁員應按以下程序：

第 16 條　雇主依第十一條或第十三條但書規定終止勞動契約者，其預告期間依左列各款之規定：

一、繼續工作三個月以上一年未滿者，於十日前預告之。

二、繼續工作一年以上三年未滿者，於二十日前預告之。

三、繼續工作三年以上者，於三十日前預告之。

　　勞工於接到前項預告後，為另謀工作得於工作時間請假外出。其請假時數，每星期不得超過二日之工作時間，請假期間之工資照給。

　　雇主未依第一項規定期間預告而終止契約者，應給付預告期間之工資。

　　第 19 條　勞動契約終止時，勞工如請求發給服務證明書，雇主或其代理人不得拒絕。

想開掉我，沒門兒──

　　第 11 條　非有左列情事之一者，雇主不得預告勞工終止勞動契約：

一、歇業或轉讓時。

二、虧損或業務緊縮時。

三、不可抗力暫停工作在一個月以上時。

四、業務性質變更，有減少勞工之必要，又無適當工作可供安置時。

五、勞工對於所擔任之工作確不能勝任時。

　　第 13 條　勞工在第五十條規定之停止工作期間或第五十九條規定之醫療期間，雇主不得終止契約。但雇主因天災、事變或其他不可抗力致事業不能繼續，經報主管機關核定者，不在此限。

　　第 50 條　女工分娩前後，應停止工作，給予產假八星期；

妊娠三個月以上流產者，應停止工作，給予產假四星期。

前項女工受僱工作在六個月以上者，停止工作期間工資照給；未滿六個月者減半發給。

第 59 條　勞工因遭遇職業災害而致死亡、殘廢、傷害或疾病時，雇主應依左列規定予以補償。但如同一事故，依勞工保險條例或其他法令規定，已由雇主支付費用補償者，雇主得予以抵充之：

一、勞工受傷或罹患職業病時，雇主應補償其必需之醫療費用。職業病之種類及其醫療範圍，依勞工保險條例有關之規定。

二、勞工在醫療中不能工作時，雇主應按其原領工資數額予以補償。但醫療期間屆滿二年仍未能痊癒，經指定之醫院診斷，審定為喪失原有工作能力，且不合第三款之殘廢給付標準者，雇主得一次給付四十個月之平均工資後，免除此項工資補償責任。

三、勞工經治療終止後，經指定之醫院診斷，審定其身體遺存殘廢者，雇主應按其平均工資及其殘廢程度，一次給予殘廢補償。殘廢補償標準，依勞工保險條例有關之規定。

四、勞工遭遇職業傷害或罹患職業病而死亡時，雇主除給與五個月平均工資之喪葬費外，並應一次給與其遺屬四十個月平均工資之死亡補償。其遺屬受領死亡補償之順位如左：

（一）配偶及子女。

（二）父母。

（三）祖父母。

職業「裝」，面試入職妥妥兒的

（四）孫子女。

（五）兄弟、姐妹。

不幸中招被 fire，一定記得拿補償——

雇主依第 16 條終止勞動契約者，應依左列規定發給勞工資遣費：

一、在同一雇主之事業單位繼續工作，每滿一年發給相當於一個月平均工資之資遣費。

二、依前款計算之剩餘月數，或工作未滿一年者，以比例計給之。未滿一個月者以一個月計。

CHAPETR
THREE

職場，就是場
打怪升級的網遊

所謂「新手」，就是打雜低頭

玩過打怪升級的網遊嗎？當你是一個新人進入遊戲時，沒有技能、沒有裝備，你會傻不愣登地去挑戰 Boss 嗎？當然不會。這個時候你要做的，就是拼命打小怪，同時對各路老手溜鬚拍馬，巴結著人家帶你一程，就能大大縮短練級時間。

職場上也一樣，學會在初入職場的時候裝出一副處處低頭、勤勉打雜的模樣，才能讓老鳥們願意把你留在身邊。我有個朋友，上學時特別清高自負，我們都以為他會是那種在職場上棱角分明、處處不合作的人。沒想到的是，這小子卻能在剛進公司時幫上司買咖啡、幫同事代班，什麼雜事拋給他都能圓滿完成。果然，一年後的新人評定中，他是那一屆中唯一被破格提拔的人。「職場和學校不一樣，學校裡大家都是同學，是平等的，當然要爭個高低」，他對我說過，「職場上，老鳥的優勢太明顯，必須得借力。我的秘訣就是遇到任何大家不願意做的雜事都只有一句話——放著我來。」

當然也有反面例子，鄰居家的小孩剛入職不久，是一個雜誌社的策劃編輯，但是新環境的各個方面都讓她有著諸多不適。我因為經常寫一些幫人排遣苦悶的小專欄，於是理所當然地成了她的排氣筒。

「我是今年六月份畢業的，從七月中旬到公司入職，如今已經有好幾個月了。我對業務還一點都不熟悉，心裡非常著急。但

是沒有辦法——主管給我分配的工作非常少，並且都是些別人不願意寫的東西，乏味又出不了彩的版面才會安排給我。更多的時候是讓我幫別人修改稿子，無非就是改改錯字，調調句式，毫無技術含量。而且那些老編輯還總說我改得不對，把他們的稿子改壞了。這令我非常氣憤，給他們改稿子本來就不是我的職責，改不好我還要挨罵。直到現在，我在辦公室裡還只是個跑腿打雜的角色，每個人都可以指示我，買午飯、代繳電話費、拖地、擦桌子、給廣告商送雜誌……簡直成了他們的保姆。更可氣的是，我感覺自己一點尊嚴都沒有，無論誰發現我哪裡做得不好了，就會批評一通，有時候他們自己遇到麻煩了，也會說我一頓，似乎我就是個出氣筒！你說，在這樣一個欺生、又不給新人成長和發展機會的公司，我能看到自己的前途嗎？真 TM 不想幹了！」

我耐心聽她說完，心裡默默替望女成鳳的鄰居阿姨傷心，她的女兒恐怕在短時間內都無法成為一個真正的職場人了。剛剛入職的年輕人，往往非常在意自己在工作中的表現，希望盡快嶄露頭角，但是公司老闆和老員工，一是希望能磨一磨新人身上的銳氣，讓他們學會服從，能夠腳踏實地，不要太浮躁。二來好不容易從媳婦熬成了婆，給你苦吃也是當然的。

當個新人，就要有新人的樣子，一定要裝著尊重別人。老同事遇到新手大多希望對方低調、謙虛、尊重自己，這是一種很普遍的心態。那麼不妨迎合他們的這種需要，盡可能地尊重他們。而且你對業務一點都不熟悉，多尊重老同事、謙虛地向他們請教，也非常有利於自己的成長。只要你讓對方感覺到你的誠懇和

求知心切，除了特別陰險和兇惡的同事，一般的人都會給你一些指點和建議。

在工作方面，如果對業務還不熟悉，對自己所在的行業沒有足夠的瞭解，你最好多做事、少說話。如果工作中沒有特別多的事情可以做，做些雜活也未嘗不可。新人只有任勞任怨，堅持從這些小事做起，才能讓老闆和同事看到你對待工作和環境的態度，謙卑的人更容易被人接受，從而快速融入新環境，工作也會逐漸進入狀態，很多情緒上的問題也就迎刃而解了。

動作是爭名奪利，姿態是深藏功名

「爭功」是一個職場敏感話題。沒人喜歡爭名奪利的人，但你自己的權益也只能自己去維護，最好的辦法就是既能爭功，又能裝出「深藏功與名」的姿態。

大多數職場人可能都有過這樣的經驗——你與同事一起完成一個項目，甘願每天加班完成額外的工作，沒有絲毫怨言。可是到頭來，對方竟然把全部功勞歸為己有，在上司面前邀功，結果他獲得上司的提拔，使你又驚又怒。

一開始，你還不太在意，漸漸連其他同事也看不過去，謠言開始滿天飛，令你再也難以忍受這一切。這時候如果你公開地表示不滿，只會把事弄壞，給某些不懷好意的人更多挑撥離間的機

會，得不償失。你向上司或老闆投訴以表明態度也不是妙法，這樣容易變成「打小報告」，人家只會以為你「爭寵」、「妒才」，甚至是「惡人先告狀」，無端留下壞印象，錯上加錯。

對自己做出的成績，除非你打算繼續坐冷板凳，蹲在角落裡顧影自憐，否則，每當做完自認為圓滿的工作，要記得向上司、同事報告，別怕人看見你的光亮。當有人來搶奪屬於你的功勞時，也要堅決捍衛。

一般來說，你可以選擇這樣的方式來捍衛自己的這些成果。

成熟想法先說給上司聽

很多時候，你在不經意間提到的想法和創意很可能被你的同事拿去用了。一旦等他們用後再和上司去說，估計就遲了。所以，一定要注意，有什麼好的想法和創意，一定不要隨便說出，先想好了，有了十足的把握就去和上司談。

發個短信提醒一下

當然，首先寫的短信不能有任何壞的影響，短信內容一定不能讓對方產生不悅。內容大意可以是「自己當初隨便提出的想法，演變到今天這個樣子真是讓人高興，建議大家再進行一次深入討論。」這能讓你有機會再次含蓄地加強一下你的真正意思：這主意是你想出來的。

背後重申功勞是自己的

說這番話的時候，要再一次對這位同事的獨一無二的才能和見解大加讚賞。這種方法對職場男士來說特別需要。很多研究者發現，男員工喜歡從「我們」的角度——而不是「我」的角度來

做事，所以他們的想法和首創就常常會被女同事挪用。如果著眼於事情積極的一面——你的同事也是想方設法要做出最好的工作，而且他（她）對要做的事情也有獨到的看法——也許會有助於你解決這個可能很棘手的問題。

千萬別急

不著急和他人爭功，並不是不爭，而是要找準時機，怎樣安排自己的語言。在做出決定時，要考慮打這場「官司」得花費多少精力。如果你正在準備一次重要的提升，或者證明「所有權」只能使你疲憊不堪，再或者還會讓你的老闆生氣，讓他們納悶你為什麼不能用這個時間來做點更有意義的事情，在這些情況下退出爭奪戰顯然是上上之策。

真傻、裝傻，傻傻分不清楚

初入職場的你可能會問：「難道不是聰明人才會受到重用嗎？」你的聰明和能力當然要找機會顯擺，但有的時候裝傻也是必要的。有些事太明白了，未必是件好事，未必對自己有利。尤其是在和同事的日常交往中，有時候裝裝傻反而才是聰明之舉。

我朋友有一次在一家小店看中一件衣服，花了高價買回來。公司裡一位同事甲問價錢，她如實相告，同事一聽，馬上大聲說：「這麼貴？你被他宰慘了，你太不明智了，花那麼多錢買這

樣一件衣服。」而旁邊的另一位同事乙卻稱讚說：「你穿上這件衣服真好看，人也顯得年輕了許多，雖然貴了一點，但是值得，難得碰上這麼適合自己的款式，換了我也會買的。」

甲乙兩個人，誰有職場好人緣自然不言而喻。每個人都有這樣的經歷，當我們錯了的時候，也許會對自己承認。但是如果別人在那裡指手畫腳地批評自己的愚蠢，就不是每個人都能接受的了。

所以，不要處處顯得比別人聰明，別人就沒有了要防禦你的理由。實際上，大多數人都會特別注意他人的弱點。如果你把自己裝扮成一個完美的人，顯得比別人聰明，他人心中一定會築起更堅固的防禦工事，這對你是有百害而無一利的。

不但不能顯得比別人聰明，有時你還要學會裝傻。工作和生活中常常有人捕風捉影，有意或無意地製造並傳播謠言、一些非正式的小道消息，結果導致不必要的誤會，嚴重地損害人際關係，甚至對當事人造成極大的精神傷害。在這種辦公環境下，就需要你辨別是非，學會裝傻。

裝傻的方法靈活多變。「心照不宣」是一種高級裝傻法，只要管住了自己的嘴，抑制住自己想表現的慾望即可。如果被人當面提及，則可顧左右而言他。實在逼急了，就說不知道。有時候會有像小偷被人當場按住拿著贓物的手的感覺，這有什麼，只要你雙眼無辜地望著對方，準保他懷疑是自己判斷失誤。

還有一種裝傻法是被動裝傻，也叫被迫裝傻。那是因為此事關係重大，到處有陷阱，一個不小心，就會掉下去，只得裝傻。

有時候想從你這裡探聽情報的人反而可能掌握比你更多的情況，只不過是為了瞭解更多的事實或核實一下罷了。這時，你只有裝得「更傻」。

如果反過來，你想從探聽者那兒獲得情報，就更得學會裝傻。只要多用反問句和疑問句，「是嗎？」「真的？」同時，充滿鼓勵地望著對方，他可能就忍不住將所知道（或道聽塗說）的消息向你傾倒得一乾二淨。

真傻還是裝傻，裡面自有分寸。真正的職場聰明人懂得不是所有的場合都要聰明過人，有時候，裝裝糊塗反而幫你得到更多。

接電話、遞名片，細節裡也能漲姿勢

要在職場裝出姿勢來，得一步一步培養，不能錯過任何一個環節，特別是職場禮儀。只有注意培養自己在各方面的裝 B 人格（簡稱逼格），高標準、嚴要求，才能成為一個 360 度無死角的職場小霸王。具體來說，有這樣的細節。

電話禮儀

在用電話聯絡公事時你所代表的是公司而不是個人，所以不僅要字斟句酌，文明用語、音調適中，更要讓對方能感受到你的微笑。而且，對每一個重要的電話都要做詳細的電話記錄，包括

來電話的時間，來電話的公司及連絡人，通話內容等，裝出一副超認真負責的工作態度。

迎送禮儀

當別人來公司洽談生意時，你應該熱情地從座位上站起來，引領客人進入會客廳或者公共接待區，並為其送上飲料，如果是在公共接待區交談，應該注意聲音不要過大，以免影響周圍同事。

名片禮儀

交換名片是社會交往中不可缺少的環節。遞送名片時應用雙手拇指和食指執名片兩角，讓文字正面朝向對方，接別人的名片時要用雙手，認真看一遍上面的內容，並可以適時地讀出對方的名字。如果接下來與對方談話，不要將名片收起來，應該放在辦公桌上，並保證不被其他東西壓起來，給對方一種受尊重的感覺。參加會議時，應該在會前或會後交換名片，不要在會中擅自與別人交換名片。

介紹禮儀

初次見面，需有人引薦介紹，然而這一簡單的行為卻包含了很深的學問。介紹的原則是將級別低的介紹給級別高的，將年輕的介紹給年長的，將未婚的介紹給已婚的，將男人介紹給女人，將同胞介紹給國際友人。

握手禮儀

握手是表示友好、溝通情感的重要方式，愉快的握手是堅定有力，這能體現你的信心和熱情，但不宜太用力且時間不宜過

長，幾秒鐘即可。如果你的手髒或者很涼或者有水、汗，不宜與人握手，只要主動向對方說明不握手的原因就可以了。男女之間，女士應該主動與對方握手，而且不要戴手套握手。還有一點值得提醒，與別人握手時不要嚼口香糖。

總而言之，就算你內心忐忑，也要在外表優雅得體地展示你的姿態。雖然你只上班五個月，也要像工作了五年一樣地老練成熟。所以，成熟有時就是裝出來的，你自己不去裝，沒人等著你長大。

衣服不合適要扔，語言不合適要甩

我最煩的事情之一，就是聽到新入職的大學生互稱「同學」。開口「同學，那個項目你清楚了嗎？」閉口「同學，你今天這條裙子真好看。」這裡不是你們的學校，開口閉口的「同學」，是要在老鳥面前彰顯你們的年輕嗎？那可就怪不得老鳥們不搭理你們了。

還有一個例子，有位中學老師離職後，轉做了人壽保險公司銷售員。由於她當過老師，所以她在與同仁、客戶說話時，常不自覺地說：「我這樣講，你懂不懂？」或「你懂我的意思嗎？」有時，也會脫口告訴朋友：「你的衣服不能這麼穿！」後來，有個同事對她說：「我們是你的同事，不是你的學生，拜託你講話

時，不要一直問我們『懂不懂』好不好？好像我們都是很笨的樣子！」

曾經的教師職業讓她習慣用「指導性語言」去教導、指正別人。不管自己懂不懂，也不管自己做得好不好，就習慣「指導別人」該怎麼做。雖然有時「善意的指導」確實對別人有益，但若用得不恰當或用得太多，就會變成「批評」，甚至是「找渣」。因為，指導性語言通常帶有「上對下」的教訓口吻，對方聽起來就會不高興，這有違平等交流的原則。對不熟、剛認識的人，或在職場動不動就要以「自己很棒、很厲害」，「我來指導你」的態度來指正對方，則常會引來別人的反感與討厭。

她的情況和剛畢業的大學生一樣，都是從一個已經熟悉的環境到了另一個陌生的領域，但卻沒有拋棄掉舊日的習慣。其中，語言習慣就是最明顯的一點。在學校裡，稱呼同學顯得親切又合體，但在職場上，這樣的語言習慣就像穿上了一件不合適的衣服一樣，讓看的人和聽的人難受。

相比起「讓我做」這句話，我們大概更喜歡聽到「請給我一個機會」。同事之間，因雙方彼此都不瞭解，就有必要保持一種節制。再者，「讓我做」聽起來有些盛氣凌人的意思，這是我們所不喜歡的。而「請給我一個機會」就比較婉轉，既保持熱忱又讓別人感到舒服。

此外，你還應該學會添加一些親切的話題。比如：「早安！今天真熱啊！」「辛苦你了！今天很忙吧？」這樣的話題，可以說也屬於問候語的範疇，所以，如果添上這麼一兩句的話，無疑

會有更佳的效果。

平時多花點時間想一下你的說話形象，它是整體專業形象的一個重要組成部分。想想你通常說些什麼，是怎樣說的。人們注意聽你說話嗎？你是否總是自覺或不自覺地用一些命令式的語言對別人說話？有沒有人曾叫你說話聲音放小點？罵人的話、下流話、諷刺挖苦和怪話是市井、自己家或特殊群體內部的語言，在其他地方說出口便會有損於你的形象。

那麼，怎樣才能發揮出語言的魅力，把話說得滴水不漏呢？俗話說：「好言一句三冬暖，惡言半句六月寒。」也就是說，說話也是需要技巧的，不掌握一定的技巧，好話有的時候也會造成惡果，「好心」也成了「驢肝肺」。好鋼必須要經過回爐才能煉成，要想說得好、說得妙、說得滴水不漏，不經過頭腦的加工是不行的。

說話就好像是火把，當你在合適的時機以合適的方式說出合適的話時，你就像是在別人的屋裡點燃了火把，讓屋裡充滿光明，讓別人覺得溫暖；反之，你就像是在別人的屋裡點燃了火，傷了別人，也害了自己。在職場上，這樣說話更得體。

引發共鳴

共同的經歷或遭遇、共同的研究方向和專業、共同的希望和展望等，都是能夠引起對方共鳴的話題，以此種方式開頭，常常更易於被交談者「認同」。

切身利益

有經驗的談話者，往往善於將自己的講話與對方的切身利益

聯繫起來。有時為了開始時能吸引對方，往往會繞個彎子，講一些對方關心的事，待對方興趣已起，而後轉入正題。

故事或幽默

引人入勝的故事或能夠使對方發出笑聲的幽默，往往能夠一下抓住對方的心，使自己很快被他人接受。

懸念與內幕

可以通過對方的求知慾而造成懸念，採用此種講話開頭時，可能需要一些內幕消息，無疑，這也是一種很好的吸引他人的方法。

表揚他

每個人都想聽讚頌之詞，具體的讚揚會使別人更加注意聽你講話，同時，你也會被認作和藹可親的朋友而被對方接受。

所以新人們，請你管好自己的舌頭，在每個「同學」即將脫口而出的時候，狠狠地咬自己一下。

不是蘿莉就別犯嗲，不是女神就別裝純

這一篇專寫給某些剛入職的女小盆友看。

其實，女人這一性別在職場上優勢與劣勢並舉，運用得體，就能幫你披荊斬棘，叱吒職場，而運用得不好，就極易招致反感。

一次，我們辦公室一位女小盆友要搬箱子，她自己完全就沒動手，直接對著一位男同事說：「箱子，箱子。」我們的這位男同事毫無「紳士風度」，對著另外一位同事說，「這真是奇了怪了，又不是你們家的狗，你叫一下別人就得來嗎？」女小盆友非常氣憤，四處「申冤」要求大家給評評理。誰知一肚子委屈竟然沒能贏得同情。

　　我是有些同情這個女小盆友的，長相一般，身材一般，本來女人優勢就弱，你還把自己當成蘿莉和女神，以為你一使喚，一眾哥們兒就要前呼後擁嗎？話又說回來，大部分男人還是有保護弱小的習慣的，這個時候你要做的不是犯嗲裝純，而是讓他們自己主動地流露。比如上面那個情形中，這位女小盆友能夠假裝自己去搬箱子，哼哧哼哧地特別吃力，絕對會有紳士站出來幫一把。就算他不是真心想幫你，他也會希望在辦公室其他人面前擺出一副紳士的模樣。而我們的女小盆友，卻從一開始就對別人下命令。那就抱歉了，男人們可不會遷就你。

　　其實這種情況在辦公室裡時常上演，只是結局不一定是這麼尷尬。我想起很多專家曾告誡女人「辦公室裡無性別」，仔細琢磨發現，這話說得很精闢。一個出色能幹的女人，工作時甚至在著裝上都不會過分張揚女人特色，更何況嗲聲嗲氣地讓男同事幫忙做自己分內的工作。稍不滿意就一陣抱怨，這些男人怎麼都不懂憐香惜玉！其實這並不能作為衡量男人紳士風度的標準。

　　女孩子們，向男朋友使小性或向老公撒撒嬌，如果時間、場合、人物都選對，是非常可愛的舉止，不但能增添女人的嫵媚柔

情的一面，有時還能緩和調節一下氣氛，讓家庭充滿溫情。但在辦公室等工作地方，千萬不要仗著自己是女人，發嗲、發脾氣，這等於搬石頭砸自己的腳，讓人反感和厭惡非常有損自己的形象。奉勸各位女同胞：如果你想讓同事們真正尊重你和想在工作上有所進步，就不要在辦公室硬做「女人態」。

偶爾出點無傷大雅的洋相

職場菜鳥們總是提心吊膽，生怕一不小心出洋相。但實際上，有時候出一點無傷大雅的洋相，反而會讓你贏得老鳥的關愛。

我看過法國一個政治家的傳記，他曾經深陷醜聞，成為新聞媒體追逐的對象。當然，所謂政治家沒有一點裝腔的本領當然沒法混。他在接受一位名記者的採訪時，開始展現自己的裝腔才華。可不是裝優雅，而是裝作出洋相。僕人將咖啡端上桌來，政治家端起咖啡喝了一口，立即大嚷道：「哦！好燙！」咖啡杯隨之滾落在地，政治家沒等僕人清理，自己撿起咖啡杯放下，又把香煙倒著放入嘴中，從過濾嘴處點火。這時記者趕忙提醒：「先生，你將香煙拿倒了。」政治家聽到這話之後，慌忙將香煙拿正，不料又將煙灰缸碰翻在地。平時趾高氣揚的政治家出了一連串洋相，使記者大感意外。後來的採訪報導中出現了這樣的描

述，「他根本不像個政治家，更像是某個和你親近的鄰居」。這樣的文字讓公眾感到親切，認為他毫不裝腔作勢，對外展露的是他真實的一面。

但真實卻是這整個過程，由他一手安排。因為當人們發現傑出的權威人物也有許多「弱點」時，過去對他抱有的恐懼感就會消失，而且由於受同情心的驅使，還會對對方產生某種程度的親密感。這就是他故意出洋相的目的。

而在職場上，鋒芒是額上的角，一不小心就會傷人傷己。在某些特定的場合，將自己的精明強幹偽裝成「無能」以迷惑對方，就會收到意想不到的效果。示弱可以是個別接觸時推心置腹的交談、幽默的自嘲，也可以是在大庭廣眾之下，有意以己之短，襯人之長。很巧妙地、不露痕跡地在他人面前暴露自己某些無關痛癢的缺點，出點小洋相。老鳥們會覺得你不是一個時刻都想取代他的野心家，於是就會放鬆警惕，對你產生親近之感。

不僅是在職場，為人處世要讓別人放鬆對你的警惕，巧妙地示弱是一種謀略，因為示弱能讓你得到別人的同情，進而化解對方心裡的敵對情緒，為你贏得更安全的上升環境。

謊言是另一種真誠

看過皮諾丘的職場新人們，總覺得說謊罪大惡極，好像長了

別人都會揶揄的長鼻子一樣。但其實，在適當的地方說適當的謊言，比傷害人的真話要好得多。

當然了，一個滿嘴謊言的人肯定不會得到別人的喜歡，但是，一句謊言都不會說的人也難與人和平相處。有時在工作中，就有必要說說謊話，如果實話實說會害己害人。實話實說並不代表真誠，只代表著上司給你的一道好菜——炒魷魚！

我有個朋友小丁，一天下班後他和某同事走在一起。姑且叫這個同事小鄭。小鄭這些天心裡很鬱悶，和上司的關係十分緊張。二人邊走邊聊，小鄭控制不住自己的情緒，說了上司對他的種種不公平，還把上司的無知、淺薄及一些醜事統統信口說了出來。最後，怒猶未盡，忍不住又大罵了一通。

過了些日子，上司在小丁面前也談起了小鄭，言語之間非常不客氣，怒斥小鄭的不顧大局、平庸無能、不思進取、不善開拓等諸多缺點。最後，上司問小丁，可曾聽見小鄭在他面前說過自己什麼壞話。

無疑，小丁面臨兩種選擇：一種選擇是不把小鄭的話告訴上司，另一種選擇是十分誠實地把小鄭的話原原本本地告訴上司。如果小丁選擇前者，上司的氣會慢慢地消下來。有一天當他冷靜下來後，會比較公正、合理地處理好這種關係。但如果他選擇後者，上司會對小鄭記恨在心，一定會找個機會報復。進一步設想，假如這是上司故意套話，那麼小丁即便說了實話，上司倒不一定買帳，說不定還會覺得小丁是一個在背後說同事壞話的人。

我的朋友可是個精明人，當然不會選擇對大家都沒有好處的

「實話」，他裝作什麼都不知道，敷衍了上司幾句，後來果然風平浪靜，一場有可能的職場小風波平息了下去。類似這種情況，我希望你的選擇和小丁一樣。假裝出一副無知無辜的模樣，可以撲滅一些小火苗，而一意孤行地講大實話，說不定就會引火焚身。所以，我們在職場和生活中可以採用下面的裝腔方法——

模糊論

假話終究是假的，我們可以選擇一種模糊不清的語言來表達其真實。例如，一位女友穿著新買的時裝，問我們是否漂亮，而我們覺得實在難看時，便故意說「還好。」「還好」是一個什麼概念？是不太好或是還可以？這就是假話中的真實，它區別於違心而發的奉承和諂媚。

說在非說不可時

這種必需有時候是出於禮儀。例如，當我們應邀去參加慶祝活動前遇到不愉快的事情時，我們必須把悲傷和惱怒掩蓋起來，帶著笑意投入歡樂的場合。這種掩蓋是為了禮儀需要，有時候我們說假話是為了擺脫令人不快的困境。

已經進入職場的新人們，把你們清高的姿態放低一些，有些謊該說就得說，有些腔調該裝就得裝。即便不情願，但這就是成長的代價。

輕裝上陣，卸下職場壓力

學會裝腔，總難免戴著一張面具去應付職場。但有時，你既要學會裝腔，更要學會「輕裝」。把壓在身上的職場壓力卸下去。職場壓力是把「雙刃劍」，一方面能夠產生動力，使我們對職場更有熱情；另一方面又會使我們產生負面情緒，影響職場效率。輕裝上陣，才能使壓力變為動力。

應對各種壓力問題，教你輕裝上陣，各個擊破——

壓力源之一：工作怎麼做也做不完

手頭的工作做都做不完，老闆又交給你一份職場報告。眼看著堆積如山的公務，不得不加班加點，甚至連週末的聚會也得推掉，實在苦不堪言。

解決辦法：自我輕裝。你應對職場職責瞭若指掌。仔細安排一下，與你的上司好好談談，提出你的方案，有些工作不一定都要你親自去做。總之，工作量大的情況應該以更飽滿的熱情投入其中，這樣才能有利於儘快解決問題。

壓力源之二：壓迫你沒商量

老闆突然將你的工作量增加了兩倍而沒有獎金。在你毫不知情的情況下，把你換到另一個辦公室，令你「乖乖地」奉獻著自己的滿腔心血。

解決辦法：變被動為主動。專家們的建議是主動瞭解老闆這麼做的原因，不要單純地發牢騷，主動和老闆談談。一旦瞭解到

職場，就是場打怪升級的網遊

了真正原因，你就可以針對這一新政策而發表看法，向老闆解釋你當前的工作完成情況。如果情況對你很不利，你就要檢查一下自己了。為自己制定一個年終目標，達到目標後不妨自我獎勵。不要把自己看成是這份工作的犧牲品。

壓力源之三：和同事互相厭惡

兩個人原來是朋友，由於幾句信口開河之詞使彼此互相翻了臉。結果，到現在還經常互相指責，為一點小事搞得雙方都不愉快。

解決辦法：小心為妙。收起你的尊嚴，彼此談談，千萬不要埋怨對方或互相辱罵。如果矛盾嚴重到影響工作，應找老闆、人事部門或工會出面調解。專家還說，不要忽視小矛盾，有了矛盾應立即解決。同時，在公司講話一定要多加小心，話出口之前要考慮後果。總之，如果你不背後嘀咕，經常發牢騷或批評別人，你就能夠在公司維繫良好的人際關係。

壓力源之四：家務纏身

生活中柴米油鹽的種種瑣事，看似細碎卻實在勞心費神，各位縱使有三頭六臂，也難以「公事、國事、家務事」面面俱到。

解決辦法：尋找平衡點。將要完成的任務根據重要性逐一列出。如果發現自己在某項任務上花的時間與工作重要程度不相稱，那麼，就要做適當調整，做好合理的規劃，並且可以適當找人幫忙，千萬別千頭萬緒，一團亂麻。

壓力源之五：不喜歡這份工作

你對現任工作沒有一點興趣，還得忍受頻繁的加班以及老闆

苛刻的態度。

解決辦法：改變狀況。你可以與上司商量換到另一個部門工作，或者和同組的同事交換一下工作職責，都能夠改善現況，得到意外之喜。當然，如果仍無法解決問題，就應流覽找工作的廣告了。

壓力源之六：好害怕，不會被裁掉吧

看到昔日的同事逐個離去，你的心裡也七上八下，也許下一個就是我了吧？

解決辦法：更新自己。開始聯繫、詢問有關招工消息。再進修或提高你的電腦技術。你需要不斷學習，提高自己，才是解決目前處境的有效方法。

職場新人 脫胎換**裝**指南

CHAPETR
FOUR

同事對對碰，
菜鳥變老鳥

一起說八卦，但千萬別成八婆

判斷一個同事是不是有可能成為好朋友的原則之一——你們能否在一起說他人八卦。說八卦，已經成為最受歡迎的辦公室運動。但是這項運動需要高超的技巧，一定要慎重進行。一般的菜鳥們道行還不深，面對說八卦的同事最好能裝出一副「超然」的姿態，表示對這些事情都不感興趣。雖然會讓別人覺得你不夠有趣，但是至少可以在你初入職場時，幫你營造「安全可信」的形象。

尤其是對很多熱愛八卦的女孩們來說，初入職場一定要克制自己的愛好，因為一不小心就會觸雷。我曾經遇到一個女孩對我主動示好——拼命在我面前說別人的八卦。愛好八卦雖然是我的天性之一，但面對一個八婆說八卦實在是很危險，於是我刻意疏遠她。有時候真得佩服一下我自己，這個女孩之後居然被迫辭職，原因當然是八卦作祟了。

她是接替一個前面辭職的人進我們公司的，上班沒多久，她就在一天午飯時眉飛色舞地說：「前面那個人蠻有趣的嘛，在電腦裡留了很多小說，好感人哦！不曉得她哪裡下載的……你們要看嗎？」午休時間幾個同事的郵箱裡都躺了一篇「日記體小說」，開篇第一句就是：「愛上我的上司，已經兩年。」這分明就是前面離開的同事化名寫的日記。

之後，各種謠言八卦在辦公室裡風起雲湧：「怎麼那麼粗

心，走的時候都不『格式化』硬碟？」「她暗戀了那麼久，Boss說不定是知道的，但是不理她。她這明擺著是讓這些東西漏出來讓上頭難堪嘛！」「也不一定，說不定她在等著有一天可以傳到上司耳朵裡，反正他太太也不在上海……」不知道這篇在公司裡傳來傳去的「暗戀日記」，最終有沒有傳到上司那裡，總之這個女孩兒半年不到就辭職了。

其實上面這個例子的後果還是不怎麼嚴重的，更有甚者，揭露別人的隱私，會將事情推到不可挽回的境地。如果兩個人因為一點小事吵架，爭執愈演愈烈，然後口無遮攔地脫口而出：「你過去做了……」此話既出，局面便無法收拾了。

所以，靠說八卦拉近與同事的距離是一個需要高智商的行為，用得好了事半功倍，但初入職場難以控制程度的菜鳥們，最好還是謹言慎行吧！

請你誇誇他！發自肺腑噠！

如何與老鳥快速建立親切關係？第一步，誇他！你要裝出一副無比真誠又發自肺腑的樣子，對他（她）說：「呀，您今天這身衣服真好看！在哪兒買的啊？肯定很貴吧？」雖然你的內心OS 把對方的土樣子鄙視得體無完膚，但記住你的表情一定要無比羨慕和崇拜。

有不喜歡聽讚美的人嗎？大多數情況下，答案是否定的。除非有的讚美實在毫無來由，而且諂媚之意過於明顯，讓人為之反胃。對於適度而誠懇的讚美，幾乎是人人都能受用的。人對讚美的渴求，是人的本性中一個重要方面。生理層次上，每個人都願意聽別人讚美自己漂亮、強壯、健康、年輕，吃、穿、住等條件比別人優越；人際關係中，每個人都希望與別人和睦相處，獲得好的人緣，得到親朋好友的尊重和認可；事業上，每個人都渴求在社會上謀得一席之地，實現自我價值。一句話，對讚美的渴望源於人的本性，讚美具有無窮的力量。

　　沒錯，人性最強烈的渴求就是自尊，受他人重視。每個人都希望得到別人的讚美。人性最深切的渴望就是擁有他人的讚賞，這就是人類區別於動物的一個方面。你是否時常吝惜你讚美的語言呢？如果是這樣的話，就趕快改變一下吧！高帽子人人愛戴，這是因為每個人都渴望被讚美和肯定，而高帽子正好迎合了人們的這種慾望。適時地給人送上一頂高帽子，可以贏得對方的友誼與好感。

　　但是，如何送出高帽子，做到既達到目的，又不流於俗，並不是一件容易的事，所以應當小心謹慎、全力對待，否則會弄巧成拙。

　　讚美不能過重。你的讚揚會讓對方的虛榮心得到滿足，但言過其實、過分誇張時，反而會讓對方產生懷疑，認為自己受了愚弄。過分粗淺的溢美之辭，更會毀壞你的名聲。

　　讚美要不露痕跡。過於明顯直白的讚頌之語不僅對方聽了彆

扭，更讓別人覺得你有諂媚邀寵之嫌。讚美要讓對方渾然不覺，卻又全身舒坦，方為最高境界。

讚美要用得巧妙。一定要讚美對方引以為豪的地方。在尚未確定對方最引以為豪之處前，最好不要胡亂稱讚，以免自討沒趣。

讚美就像澆在玫瑰上的水。讚美別人並不費力，只要幾秒鐘便能滿足人們內心的強烈需求。看看我們所遇到的每個人，尋覓他們值得讚美的地方，然後加以讚美，並把讚美他人變成一種習慣吧！

當老鳥們把你當成他們的忠實粉絲時，相信我吧，離你升職加薪的日子也就不遠了。

別把自己活成條褲衩，誰的屁都來接

初入職場的新人們，大都裝出一副逆來順受的模樣，無論誰讓你做什麼都去做，讓你背什麼黑鍋都去背。做新人打雜背黑鍋是無可厚非的。但是裝也要裝得有底線，這個底線就是──你不能放棄說「不」的權利。

我有個好朋友的弟弟剛入職，在工作中他處處小心、事事謹慎，對每位同事都畢恭畢敬，偶爾與同事發生點小摩擦，他也從不據理力爭，總是默默地走開。結果大家都認為他太老實、太窩

囊。於是，都不把他當回事，在許多事情上總是叫他吃虧，尤其在獎金分配上這孩子也老是吃虧。

我好朋友知道以後，把他弟罵了一通，然後說：「你相信我，你就試著硬氣一次，說過一次『不』，大家就知道你是有底線的人。就算你惹火了別人，大不了一走了之，待在每個人都欺負你的地方，還不如走呢！」

這番話真的起了作用，有一次，他的銷售總監要一份銷售計畫書，可一天後還沒見人送到辦公室來，便到銷售部大發脾氣。銷售經理便說計畫書早就讓那孩子做了，是他故意拖拉才未完成任務的，並且說他做事一向不負責任。這時，那孩子終於站了起來：「總監，今天的事你可以調查一下，計畫書昨天下班前我就交給了銷售經理，有郵件記錄為證。」然後又補充了一句：「昨天晚上臨時有銷售活動，估計經理去忙了忘記查郵件了。也是我的錯，忘記提醒經理查收郵件了。」總監聽完之後，意味深長地望了經理一眼，說：「以後記得每天要查郵件。」之後，這孩子向總監提交了轉部門的申請，理由是「深入各部門瞭解公司文化」。總監當然知道他是怕經理給他小鞋穿，很爽快地批准了。要是他還像以前一樣，別人欺負到頭上來了，也不敢吭一聲，估計早就要走人了。

那麼，你是不是三番五次地被人利用和欺侮？你是否覺得別人總是占你的便宜或者不尊重你的人格？人們在制訂計畫時是否不徵求你的意見，而覺得你千依百順？你是否發現自己常常在扮演違心的角色，而僅僅因為在你的生活中人人都希望你如此？那

麼，你的生活和工作就需要進行改進了，就需要拒絕和說「不」字。當你真正鼓足勇氣說這件事情的時候，當你認識到自己的需要並表達出來時，你會發現你原來所顧慮的事情一件都沒有發生，而你的生活卻發生了變化，同事們開始尊重你，開始意識到你的存在。

有人認為受人請託，倘若拒絕，面子上過不去，若不拒絕又實在無能為力。如此一來，只好勉強答應，結果發生後悔的情形就相當常見了。事實上，那些顧於面子不敢說「不」的人其實是自己意志不堅。他們通常認為斷然拒絕對方的請求未免顯得太過無情，而若是在答應後方覺不妥，且又力不從心難以履行諾言時，再改變心意拒絕對方，顯然已經太遲。因為，等無法做到承諾的事情再提出拒絕，給人的印象更糟。甚至需要付出相當大的代價去彌補缺失或兌現承諾。在與同事相處中也要敢於說「不」，否則，你在別人眼裡就近乎於傻子。相反，在老實中藏點機智與靈活，對你有益而無害。

不過，拒絕也需要把握一個度，掌握一定的技巧，使自己能輕鬆愉快地說出「不」字，也能使對方高高興興地接受「不」字。拒絕時應具體說明不能做的理由。在拒絕請求時只是說「我很忙」，很可能會被人說「那個人不愛幫助別人」、「求他什麼事都是一臉的不高興」，所以拒絕時要具體說明一下不能接受的理由。

巧妙拒絕時要用些有效的措辭。只是具體說明不能接受的原因是不夠的，重要的是首先要說一些表示歉意的話。比如說「實

在對不起……」「真是過意不去……」「我很願意為你效勞，可是……」同時你要清楚自己的能力範圍。能力所不及的事，一定不要硬挺，這會招致很糟糕的結果。如果對方仍然強塞給你，可以把醜話說到前頭。但是，最好的原則仍然是：力所不及就不要答應。

學會求助，別裝職場獨行俠

在職場混，你可以裝超人、裝女神、裝無辜，就是不要裝獨行俠。所謂獨行俠，就是那種高傲得不可一世，以為所有問題都可以靠一己之力來解決的人。

我們在職場上確實能看到這樣一種人，他們能力超群，才華橫溢，自以為比任何人都強，連走路的時候眼睛都往上看。他們藐視人生規則，不把朋友的忠告當回事，甚至連上司的意見也置若罔聞，在以團隊合作為主的人群裡，他們幾乎找不到一個可以合作的朋友。

曾經有個讀者寫信給我訴說苦惱。他就是這樣一個獨行俠，所有工作交到他的手上都能夠圓滿完成，從不需要別人插手。他以為靠著這種超凡實力，就能夠博得老闆的青睞和同事的佩服，可惜最後卻是大家都不買他的賬。老闆覺得他不善於與人交往，同事覺得他清高自負。我給他回信說，解決他問題的辦法只有一

個一學會向別人求助。就算你能完成，也試著裝出一副有困難的樣子，然後向老闆請教，或者找同事幫忙。當對方協助完成工作之後，要表示感謝。

一段時間後，他回信告訴我說，他成為了團隊核心分子。專案遇到困難的時候，大家都願意與他一起商量。一個同事和他私下成為了朋友，對他說：「以前的你特別假，裝得好像什麼都會一樣。現在好多了，遇到問題能與大家一起討論，大家也就願意跟你合作了唄。」他暗自好笑，真實的他被認為在「裝」，反倒是裝出來的樣子成為了同事們心中的真實。真真假假，職場上真是個難辨虛實的地方。

不過，對於職場新人來說，單憑自己的能力與智慧是不夠的，何況時間、精力更是有限的，光是細枝末節的問題就能把你弄得焦頭爛額、疲於奔命。一個人事業的成功，80％來自於與別人相處，20％才是來自於自己的專業技能。做一個群居動物，在求助的過程中加強和同事們的聯繫，讓他們覺得自身重要，也讓你更遊刃有餘地融入集體。那些認為「萬事靠自己」「一切單打獨鬥」的人如果不是真的有三頭六臂，就是十足的笨人。

給他一個面子，就是給他一份厚禮

我在職場上碰到過很多看似「率性而為」的人。他們完全不

顧同事、上司的面子，有話直說、直來直往。很多人都在表面上誇讚這群人——性子直、沒有拐彎抹角。然而實際上，有這樣的人在身邊，其他人是能躲多遠就多遠，更談不上與這樣的人深度合作甚至成為朋友了。因為你不知道什麼時候，對方就踐踏了你的「面子」。

「面子」這個詞兒真是個包含深厚東方文化的詞兒，在英文當中你都找不到特別貼合的解釋。對國人來說，面子的事情過天。我們說「裝腔」，其實裝點的就是自己的面子。讓自己看起來更好、更有氣場、更被大家佩服。所以，如果旁邊有個人完全不顧及你的面子，你還願意跟這樣的人共事嗎？

我每年都會受邀參加一個小型書籍評鑑會，圈內人搞的小活動，業外影響力不算大，但算得上是一個業內大 Party。參加這樣的活動，專業眼光並不是關鍵，給足大家面子才是關鍵。在公開的評鑑會議上一定把握一個原則：多稱讚、鼓勵而少批評；真的有需要改進的地方，我會在評鑑會結束之後，找到相關編輯人員，私底下告訴他們編輯上的缺點，儘量讓圈內朋友們在公眾場合保住面子。

和我剛好相反的是，我有一個朋友說話辦事特別直接，每到他發言的時候，大家都很窘迫。因為他會就各種細節毛病大加渲染，讓同行們非常難堪。我這個朋友本性的確如此，是一個率性的人，但他的做法顯然難以獲得大家的認同。所以在圈內成了大家心照不宣的「刺兒頭」，當然也就沒有好人緣了。

其實，每個人都有自己的知識欠缺，犯錯誤出洋相難以避

免，這種時候給別人一個臺階下，巧妙地讓別人從尷尬中走出來，人家會對你感激不盡，也會自然而然地喜歡你、幫助你。為人處世，你得和各色各樣的人相處，要想相處和諧融洽，你得注意隨時隨地給別人臺階下。如果你不給別人一個臺階下，結果可能被別人懷恨在心，在遭到對方報復的時候，還根本不明白是怎麼一回事兒；如果你不給別人一個臺階下，結果可能會失去寶貴的友情、愛情，引起周圍朋友對你的不滿。

記住，在職場上你給他面子，就是送了他一份厚禮。也就是往你的人情帳戶上存下了一筆不菲的鉅款。有朝一日需要提現時，別人也才會回報你的大禮。

會做順風草，哪兒吹往哪兒倒

覺得做「職場牆頭草」沒格調，有辱你的清高？菜鳥們，讓我告訴你一個驚人的調查資料：逾 60%職場人士承認身邊存在「職場站隊」現象，20%的人士表示入職一年後開始「職場站隊」。職場站隊很常見，難以避免。雖然站好隊不見得有什麼好處，但站錯了隊肯定沒什麼好下場。

所以，拋掉你那套陳腐觀念。如果迫不得已碰到需要站隊的情況，一定要當一棵理性又明白的牆頭草。要根據職場中人當下所處的環境、入職時間的長短，以及個人職業規劃的定向等因素

綜合考慮，一般不建議初入職場的新人盲目「站隊」，而是等其對工作環境和社會環境有所瞭解後，如果對自己的職業生涯有所幫助，可以選擇性或無意性地去「站隊」，但一定要保持一個度的衡量。

剛入職時，不妨察言觀色、熟悉環境，可能不知不覺哪天你就已經在大家心目中樹立起了良好的形象。這種影響是潛移默化的，但是卻會相當的根深蒂固。這樣才是一個聰明的人！

職場站隊很常見。因為一朝天子一朝臣，任何管理團隊的負責人或團隊的主要成員的交替更換，必然帶來「企業血液」的流動和更新。當「換血」勢在必行，相應的大環境下的小圈子、小團體行為，導致職場站隊不可避免地出現。

站隊之前，告訴自己——

站隊就好比進股市，最重要的目標是保本，不發生損失，然後是取得收益。所以，在站隊前要先想到最壞的可能，即站隊失敗後，怎麼才能保住現在的位置。

看清自己的利益在哪，而不是隨大流。每個人所處的位置不同，自然職場利益也會不同，隨大流的選擇未必對自己最有利。

審時度勢。給博弈的雙方或多方打打分，看看誰的勝算更大，站隊自然要跟勝算大的人。

跟著與自己價值觀一致、風格匹配的上司。只有跟自己有同樣的追求，並且做事風格匹配，能給予支援的上司，才能對自己在職場的長遠發展最有利。

比誰都聰明的人勇奪職場笨鳥 No.1

　　帶著一腔熱情走進職場的新人們，迫不及待地要向老鳥展示你的聰明才智了吧。凡事爭先，生怕別人不知道你聰明。恭喜啦，我只好把「年度最笨職場人」的榮譽勳章頒發給你。

　　不服氣？看看不會裝腔的前輩遭遇過什麼。我有個朋友，年輕時非常自負。他一表人才、名校畢業、當過留洋的交換生、各種證書一大疊，按理來說職場路應該是一帆風順才對。當他雄赳赳氣昂昂地踏上職場之路，吧唧摔了個嘴啃泥。

　　事情是這樣的。他剛進公司就鐵了心想儘早讓大家知道他的存在。於是經常向主管反映他的工作建議和各種方案，然而每次得到的答覆總是：「你的意見很好，我會在下次會議上提出來讓大家討論。」然後不了了之。他很不滿，對主管的平庸和懦弱也很不服氣。在一次全公司大會上，他當著老闆的面坦陳了自己的想法，並建議公司實行競爭上位，能者上，庸者下。會場頓時寂靜無聲，直系主管氣得臉色發白。總經理稱讚了他的想法，認為很有新意，卻並沒有深入討論的意思。

　　會議結束後，主管對他冷語相向，這當然是預料之中的事情。但問題是，他發現所有同事都開始對他敬而遠之，而讚揚了他的老闆也開始「玩消失」。他感覺自己似乎被流放到職場孤島，事已至此，聰明的他也知道這裡已經沒有翻身的機會，只能被迫自己辭職。

在所有人面前公開得罪自己的上司，是最笨的職場決策。他的老鳥同事怎麼會冒著被上司冷落的風險，去與他為伍呢？在競爭激烈的職場，聰明人都很謹慎，不會輕易暴露自己的真實意圖。自以為聰明的新人才會因修行不夠，在不知不覺中鑄成大錯，自毀前程，令人嘆惜。

沒有人不想出人頭地，每個人都有自己的「野心」，但是切忌太過外露。聰明人總會讓旁人感到受到威脅。他們可能會利用手中的權力或影響力對你進行打擊，使你過去的一切努力都化為泡影。

在一個群體或團體中，人人都希望自己首先「邁出眾人行列」，成為脫穎而出的佼佼者。但社會競爭又暗藏著一個悖理的法則，這就是「槍打出頭鳥」。如果一個羽翼未豐的人積貯的能量尚不夠，是萬不可輕易暴露內心、過早捲入殘酷的社會競爭的。在這種時候，最需要保持低調，只有首先學會當「孫子」，日後才能理直氣壯地成為資深的「爺爺」。

你所要做的是在暗中修煉自己，在暗中等待機會。在這種情況下，別人尚未察覺你的真實意圖，而你卻早已對對方了然於胸。只有對方無從瞭解你的欣喜、憤怒，只有當你將自己深深隱藏起來的時候，才能夠達到迷惑對方的目的。

當然了，教你裝深沉，不是讓你消極被動地去面對周遭。很多人會把隱藏鋒芒與放棄、逃避、怯懦等詞聯繫在一起，其實，它是一個積聚能量的過程。之所以隱藏鋒芒，完全是因為時機尚未成熟。可一旦時機來臨，就要反應迅速，在第一時間挺身而

出，一擊即中。

「場面話」左耳進右耳出

　　再天真的職場小朋友，也應該知道什麼是「場面話」。說白了，就是讓別人高興的話。既然說是「場面話」，可想而知就是在某個「場面」才講的話，這種話不一定代表內心的真實想法，但講出來之後，就算別人明知你「言不由衷」，也會感到高興。聰明人懂得：「場面之言」是日常交際中常見的現象之一，而說場面話也是一種應酬的技巧和生存的智慧。

　　職場中，菜鳥們學習的基本課程就應該是學說場面話。當面答應他人的話：如「我會全力幫忙的」、「有什麼問題來找我」等。說這種話有時是不說不行，因為同事運用人情壓力，當面拒絕場面會很難堪，而且當場說會得罪人；對方纏著不肯走，那更是麻煩，所以用場面話先打發一下，能幫忙就幫忙，幫不上忙或不願意幫忙再找理由。

　　赴宴時，要稱讚主人選擇的餐廳和菜色，當然感謝主人的邀請這一點絕不能免。參加酒會，要稱讚酒會的成功，以及你如何有「賓至如歸」的感受。參加會議，如有機會發言，要稱讚會議準備得周詳等。總而言之，「場面話」就是感謝加稱讚，如果你能學會講「場面話」，對你的人際關係必有很大的幫助，你也會

成為受歡迎的人。

學會說場面話的同時，我得提醒部分天生少個心眼兒的職場新人，你在講場面話的同時，別人也在講，所以千萬不要把自己套進去，相信了老鳥們的場面話。我有個親戚家的小孩對我抱怨說，他通過朋友牽線，拜訪一位單位主管，希望能拿到晉升的機會。那位主管表現得非常熱情，並且當面應允，拍胸脯說：「沒問題！」於是這個天真的小孩高高興興地回去等消息，誰知半個月、一個月、兩個月過去了，一點消息也沒有。他打電話過去，不是不在就是正在開會；問朋友，朋友告訴他，那個位子已經有人捷足先登了。他很氣憤地問我：「那他又為什麼對我拍胸脯說沒有問題？」我無可奈何地對他說：「誰叫你好傻好天真。」

完全沒有猶豫的拍胸脯，簡直是典型場面話，這都能相信，只能自己怪罪自己的智商。

對於拍胸脯答應的「場面話」，你只能保留態度，以免希望越大，失望也越大。如果猜不出別人的真心，就應該抱有最壞的打算，為自己找好出路。

無論是虛虛實實的職場，還是真真假假的情場，道理其實都一樣，大多數人都在說著場面話，最先相信的那個人才是傻瓜。

CHAPETR

FIVE

角色扮演，
其實領導也在裝

老闆頭等艙，員工上戰場

本節有一個不可告人的目的——讓新人仇恨自己的老闆！

What ？你開玩笑吧！

當然沒有。

當所有人都在鼓吹「公司如家，老闆如父」的時候，這樣的反調似乎顯得太過大逆不道。但是，有時候事實就是如此殘酷。我必須得添油加醋地讓新人菜鳥們拋掉不切實際的幻想，而最終成為職場上無堅不摧的堅強老手！

有一個非常明顯的現象：高爾夫球場的生意越來越火爆。在高爾夫球場上消費的都是些什麼人呢？絕大部分是老闆。還有，在攝影機面前侃侃而談，在閃光燈下神采奕奕的都是什麼人呢？絕大部分是老闆。坐著飛機的頭等艙在世界各地飛來飛去渡假的也是老闆……在臺上承載著光榮與夢想的時候，老闆總是在最前面。在這激動的時刻，員工都在哪裡呢？員工都在幹什麼呢？

有一位從海爾辭職的員工寫過這樣一番話：「在海爾三年，給我印象最深的是售後服務部中的那些身著油污工作服、一年到頭無論是刮風還是下雨，都必須騎著破舊自行車按時上門服務的維修師傅們，直到現在當我在路上遇到這些師傅時，仍是無比的心疼。」當然，天下哪有不辛苦的工作，所以他們的辛勞也算正常。但一些師傅辛苦一個月，到頭來可能拿不到工資，甚至可能被倒扣錢，就實在說不過去了。拿不到工資大概因為兩點：第一，出現

服務問題會按極其苛刻的標準扣工資或辭退，如沒有按顧客要求時間上門服務或與顧客發生衝突等等，這種懲罰倒也理所應當；第二，出現產品品質問題也會想方設法給師傅扣上服務不佳的帽子而扣工資，如短時間內同一零件損壞兩次（連我這樣不專業的人也知道是品質問題）或新品匆忙上市產生的設計缺陷等等。

老闆走四方，員工上戰場。所有一線的工作都是員工在勤勤懇懇地完成，如果有成績，第一獲益的是老闆，如果有失誤，首先倒楣的卻是員工。

儘管如此，老闆還是對員工並不放心。根據最新統計資料，美國 80%的大公司都對員工的電子郵件、網路和電話進行監視。進行這項調查的美國管理協會指出，工作場所的監視活動呈現出上升趨勢，越來越多的企業還對違反公司內部通信規定的員工採取了種種懲罰措施。這樣嚴密的監視只說明了一點——老闆階層和員工階層根本就是敵對階層。所以，從對老闆的幻想中清醒過來吧，菜鳥們！老闆和員工永遠是對立的，懂得這一點之後，你才能在面對老闆的各種「裝腔」時，不首先亂了自己的陣腳。

你找老闆談加薪，老闆和你談理想

「經理，我覺得我去年的工作成績還不錯，業績表上的數字也能說明。那麼……今年能不能給加加薪水呢？」

「小張啊，不錯不錯，去年做的是不錯。不過也存在一些問題。你知道嗎？我特別關照你們這批年輕人，因為你們讓我想起了我剛參加工作的時候，那個時候真是豪情滿懷！我覺得我們特別像，都是一心為工作、為理想而不計報酬的人@#￥%&*……」

很多年輕的職場新人要求加薪時，就會被老闆一番雲山霧罩的「工作理想說」給帶偏了主題。老闆會裝出一副特別有理想、有幹勁的年輕奮鬥者形象，並且把你和他歸為一類。老闆給了你高帽，你好意思不戴嗎？戴上了「為理想不計回報」的高帽，你還有臉要薪水嗎？於是，很多要求加薪的新人，在上了一堂人生理想課之後，加薪的事情莫名其妙地沒了後文。

但是，親愛的菜鳥們。理想固然重要，但那是應該存在於你心中的旗幟。真正的理想沒必要時時刻刻招搖。而且，理想和報酬絕對不是一對冤家，誰說要報酬的人就是沒理想的人呢！可千萬別被老闆裝出來的混蛋邏輯給帶偏了。

每個人都希望生活得更好，薪水更多，職位更高，工作環境更寬鬆。大多數人都不會只滿足於現狀，常常會向上司提出加薪、升職等各方面的要求。我們向上司提出要求時，一是不要提過高或不切實際的要求，二是當我們向上司提要求時，也要學學裝的本領。就算你內心覺得你得到加薪升職是理所應當，表面上也不能太過強硬。應該少用這樣的話：「我得到那個職位是應該的」，「我提的要求，請您一定要幫我辦」等等。你如果在上司面前這樣說話，給人的感覺你不是在提要求，而是在下命令，威脅你的上司要按照你的意思辦，這樣做的結果往往會事與願違。

正確的做法是裝出一副平和的態度，面帶微笑地陳述你的主要理由。然後再委婉地提出你的要求，盡量多用徵詢的話。但是其中有一個重要的點——多說說加薪後你要怎麼做，而不是你因為做了什麼而加薪。因為老闆關心的是加薪升職或者滿足你的要求之後，你能給他帶來什麼。

我有個師妹劉淼是房地產公司的會計，整天坐在辦公室與數字打交道。雖然工作穩定，但收入一般。但她是個對物質有追求的人，並且願意為更高的薪水而付出努力。於是在一個上午，她看老闆一人在辦公室看報紙，就敲門走了進去。

「張經理，我有個小小要求，不知您是否會答應。」劉淼微笑著看著經理，緩緩說出了自己的要求。

「我……我想換個環境，想到外面跑跑。」

「可你對業務不熟，你跑什麼呢？」經理面有難色。

「業務我可以慢慢熟悉，如果經理能給我這個機會的話，我會好好珍惜，一定不會讓您失望。經理你也知道，我其實是個挺外向的人，喜歡和人打交道。溝通能力、協調能力也都不錯。我放在會計辦公室就是個普普通通的小會計，但如果能換個平臺，我相信以我的優勢和能力，能為公司、為您，還有我自己都帶來更大的收益。」

聽劉淼這麼一說，經理面色緩和了許多，問道：「你具體想去哪個部門呢？」

「您認為我去建材部合不合適？我有些朋友在外長期做鋼材和水泥生意，我通過他們，或許能用最低的價格購進品質最好的

建築材料。」

經理想了想說：「那你先試試吧，小劉，我可是要看到你的成績喔。」

於是，她如願以償地調到了建材部，而且業務做得很出色。

我這個師妹的確有兩把刷子，她抓住了重點，並且大加強調──如果給她轉職，她就能創造更多收益。也只有為老闆創造的收益大於給你加薪轉職的成本時，老闆才會甘願答應你的要求。

另外，除了有策略地跟老闆談加薪，你首先要有的是勇氣。許多人並非表現不好或沒有工作能力，他們只是不善於表現自己。如今的企業老闆因公務纏身，不可能每時每刻都留意你的表現，作為員工，有必要主動、適時地表現自己，只有這樣才能達到自己的預期目標。其實，老闆和員工的關係是平等的。只要你認為加薪是合理的，你就有權提出。但你必須注意說話的方式，最好是巧妙地、有技巧地把自己的意圖傳達給老闆，就算萬一不被老闆接納，也不至於讓雙方陷入尷尬的局面，以致影響日後的相處。

上司擅長迂迴戰，「濃裝」背後另有他意

要說起裝腔，新人們可真得向上司好好學習，他們才是裝腔

界的高手，賽場上的大滿貫。而他們裝腔演技中很重要的一個技能就是——迂迴。他們的意圖不會直截了當地表達出來，需要下屬仔細揣摩去做。原因是多方面的，比如，上司礙於自己的地位，不便隨意表態，但傾向性意見已不難忖度，這時你應該比較乖巧，不能強迫上司明確表態；上司需要助手幫腔，一個唱紅臉，一個唱白臉，這台戲才能演好，這時就不能附和上司，和他一個調子；上司還沒有拿定主意，但迫於形勢只好模棱兩可地敷衍幾句，這時你就得穩重，私下找上司商量，不要貿然行事。還有一種情況，是上司基於其地位的不同，只能用委婉客套的話說出來。

讀懂上司最能考驗一個人的「悟性」。經常聽到主管說某某人「悟性好，一點就透」，也經常聽到主管抱怨某某人「不靈通，翻來覆去交代多少遍也不領會意圖」。由此可知，善於讀懂上司也是會表現的重要方面。

給你們看一個案例吧。生化系畢業的大學生何陽進了一家製藥公司，科長對他說：「你剛到公司，恐怕對公司的各種情況都很生疏，不妨先走走看看，瞭解一下各處的情況，熟悉一下老員工們的狀態，也便於以後跟他們好好相處。」這位科長似乎十分通情達理，何陽也信以為真。他在公司裡悠閒地逛了一個月，沒做什麼具體工作。

沒料到有一天科長突然把何陽叫去，用一種十分不快的口吻說：「我是欣賞你的工作能力才招你來公司的，可是許多職工都反映，你整天閒逛，懶懶散散，大家因此而滿腹意見，你可要注

角色扮演，其實領導也在裝

意影響，有點作為呀！」何陽聽了以後，啞口無言。但他在心裡卻暗暗地想道：「不是你叫我走走看看，熟悉情況的嗎？我現在完全按你的吩咐去做，你反而責怪我了。」

這件事究竟是誰的過錯呢？我們只要稍加分析就能發現，這應完全歸咎於何陽的天真和疏忽。何陽是被科長看中而特地錄用的。開始，科長的囑咐純屬客套，其背後的潛臺詞是：新進人員在不熟悉情況時貿然行事，容易遭到老職工的抵制，所以，謹慎小心為妙。但是，何陽對科長的用意居然一無所知，天真地領會科長的客套話，並照辦不誤，因而出現了紕漏。此時，他若不受科長的責備，才是怪事呢！

作為下屬，必須掌握上司對你的期待，並且有所行動，否則的話，辜負了上司的期待，就談不上利用和推動並獲得他們由衷的讚美之辭了。老闆或上司對部屬的期待不會每次都以率直的語言表達出來，有時嘴上說「這樣做」，心中卻要求「那樣做」。也就是說，上司有時因為礙於情面，會用委婉暗示或其他曲折隱晦的方式把自己的要求說出來，因而，他所形之於語言的和他內心所期待的並不完全合拍，表裡一致。

準確瞭解上司的意圖是你與上司搞好關係的前提條件。每位上司由於各自背景的不同，其工作方法和思維方式也各不相同。因此，與不同的上司相處時，應根據其性格、思維方式，因人而異地選擇工作方法和處理方式。

面對上司這一裝腔界元老，你要領悟他們裝腔背後的真實意圖，也不是一朝一夕就能實現的。瞭解上司的性格、工作方法和

思維方式，不僅可以到實際工作中去揣摩，還可以通過各種途徑，如單位聚會、與上司一同出差等機會與其交流，增進彼此的瞭解，以便在工作中更好地配合上司的意圖。

Boss 就是忽悠王，動動嘴巴不用交稅

上面一節說到了 Boss 們的一大裝——裝理想。這一節說說他們的另一裝——空手套白狼。

沒錯，有些老闆是你找他加薪，他跟你談理想。但也有一些老闆，是在你開口之前，就主動給你承諾，告訴你他要給你加薪升職，只要你如何如何。但問題是，這「如何如何」達到之後，當初的承諾卻沒了蹤影。你找他對質，他也會打哈哈敷衍過去。也就是說，老闆巧妙地讓你做牛做馬完成他的任務，末了還不給你任何回報。典型的「只靠一張嘴，空手套白狼」。

千萬不要輕信老闆對你的承諾，特別是工資、升職這樣關乎切身利益的事情。他要真心誠意給你加工資，行動上就直接去做了。哪裡會大費周章地鋪陳一番呢。你常常要經過一段不短的時間，才會發現原來自己的老闆只是嘴巴熱鬧而已，他總是說得比誰都好聽。這種老闆會答應你各方面的要求，包括加薪以及提供各種便利條件，可就是從來不兌現。

另外，許多老闆裝出一副看重下屬的模樣，讚美之詞不絕於

口。但嘴巴說說又不需要交稅，他讓你覺得自己特別重要，甘心為他拼命工作。另一方面卻又沒有實質上的鼓勵。這樣的老闆才是裝腔界的集大成者。

遇到這樣段位的老闆，你只有自求多福了。

盯緊——他無法偽裝的身體語言

面對裝腔界一哥——你的上司，真的沒有辦法識破他裝腔背後的真實意圖嗎？當然不是。除了不斷修煉職場技能，這裡也告訴你一點小竅門。不管是上司也好，同事也好，他們可能擅長裝腔，但他們的身體語言卻在洩露他們的真實想法。

所謂身體語言是一種無聲的語言，主要是靠身體和身體的動作輸出資訊，比如人的手勢動作、面部表情和體態姿勢等，作用於資訊接受者的視覺器官，以實現資訊發送者的目的而形成的一種「語言」表達方式，又可以稱為視覺語言或行為語言。

與上司相處，讀懂他的身體語言有利於你更精準地瞭解他的意圖。如果上司一面跟你談話，一面眼往別處看，同時有人在小聲講話，這表明剛才你的來訪打斷了什麼重要的事，他心裡惦記著這件事，雖然他在接待你，卻是心不在焉。這時你最明智的方法是打住，丟下一個最重要的事而請求告辭：「您一定很忙，我就不打擾了，過一兩天我再來聽回音吧！」如果在交談過程中突

然響起敲門聲、電話鈴聲，這時你應該主動中止交談，請上司接待來人、接聽電話，不能聽而不聞滔滔不絕地說下去，使老闆左右為難。

眼神和表情告訴你什麼

上司說話時不抬頭，不看人。這是一種不良的徵兆——輕視下屬，認為此人無能。從上往下看人。這是一種優越感的表現——好支配人、高傲自負。久久地盯住下屬看——他在等待更多的資訊，他對下屬的印象尚不完整。友好、坦率地看著下屬或有時對下屬眨眨眼——下屬很有能力、討他喜歡，甚至錯誤也可以得到他的原諒。目光銳利，表情不變，似利劍要把下屬看穿。這是一種權力、冷漠無情和優越感的顯示，同時也在向下屬示意：你別想欺騙我，我能看透你的心思。偶爾往上掃一眼，與下屬的目光相遇後又往下看，如果多次這樣做，可以肯定上司對這位下屬還不瞭解。向室內凝視著，不時微微點頭。這是非常糟糕的信號，它表示上司要下屬完全服從他，不管下屬說什麼，想什麼，他一概不理會。

手勢告訴你什麼

上司雙手合掌，從上往下壓，身體起平衡作用——表示和緩、平靜。雙手叉腰，肘彎向外撐，這是好發命令者的一種傳統肢體語言，往往是在碰到具體的權力問題時才做的姿勢。上司坐在椅子上，將身體往後靠，雙手放到腦後，雙肘向外撐開，這固然說明他此時很輕鬆，但很可能也是自負的意思。食指伸出指向對方——一種赤裸裸的優越感和好鬥心。雙手放在身後互握，也

是一種優越感的表現。上司拍拍下屬的肩膀——對下屬的承認和賞識，但只有從側面拍才表示真正承認和賞識。如果從正面或上面拍，則表示小看下屬或顯示權力。手指併攏，雙手構成金字塔形狀，指尖對著前方——一定要駁回對方的示意。

　　不管是生活中，還是職場中，任何人說話都會伴隨體態語言的表述。上司說話也是如此。從這些身體語言的細節中，你就能大致揣摩出他的內心想法，從而做出相應的對策。所以，盯緊了！

好巧！我跟您有一樣的愛好！

　　要想迅速和老闆套關係，我把壓箱底的裝腔秘笈告訴你們一招——和他培養一樣的愛好。要想贏得他的好感，就必須時刻留意對方的興趣、愛好，明白上司的意圖，理解上司的心思，這樣才能投其所好，「對症下藥」。

　　每個人都有自己不同於別人的感興趣的東西，利用這種興趣，你便能架起一座與人溝通的橋樑。「投上司之所好」，遇到的阻力就會小得多，事情也會容易辦得多。在與你的老闆建立良好關係的過程中，實現雙方興趣上的一致是很重要的。只要雙方喜歡同樣的事情，彼此的感情就容易融洽，這是合乎邏輯的。

　　問題在於，你怎麼能使他人瞭解你對某件事情的確和他有同

樣的興趣。因此，你必須對他感興趣的事具有相當的知識，足以證明你是有相當研究的。越是值得接近的人，你就越應該努力對他所感興趣的事情做進一步的瞭解。比如老闆的興趣，真的值得你下一番工夫去研究。

我有個朋友為人熱情大方，很善於與各種各樣的人打交道，在調到一個新單位後，他首先想到的是如何贏得上司的好感和賞識。在做了一番調查後，他得知上司為人保守，就毅然捨棄了長髮、牛仔等時髦裝束，而以循規蹈矩的形象出現在上司面前。

初步贏得上司的好感後，他就想發揮自己熱情、樂於助人、慷慨大方的優點，主動與上司交往，建立友誼。不料，上司為人孤僻多疑，喜歡獨處，對他的熱情頗不習慣。碰了幾次壁後，就決心改變策略，去順應上司的性格特點，不再經常圍著他轉。

後來，他發現上司有一個最大的愛好——打乒乓球。於是就苦練了一段時間的球藝，然後頻頻在上司常去的一家俱樂部露面，並每次都是和上司在一起對陣，切磋球藝。此舉果然奏效，在球來球往中上司漸漸放鬆了心理防衛，與他成為朋友。一番交往後，上司水到渠成地瞭解了他身上的優點和才幹，在工作中對他予以重用。

「哎呀，好巧，我也喜歡釣魚。有空一起去吧。」

「太巧了，我也是高爾夫愛好者。」

「什麼？游泳！我曾經是校游泳隊的主力呢！」

以上都是你拉近與老闆關係的絕佳示例。當然，要假裝和他有一樣的愛好，首先要真的瞭解他喜歡什麼。與老闆保持經常性

的接觸，可以加深彼此間的瞭解和交流，可以更好地把握上司的思想狀況和感情傾向。簡而言之，瞭解他的興趣愛好，找到興趣愛好的共同點，例如麻將、紙牌、釣魚等等，然後苦練技藝，找機會向他表示你跟他有一樣的愛好，接下來當然是製造更多你們一起活動的機會啦。

所以，如果可能的話，你應儘量找出他最感興趣的事，然後再從這方面去接近他。倘若沒有機會或者這種機會不容易得到，那麼也該盡可能去選擇他最大的興趣供你利用，主要的目的是要使他對你產生興趣，一旦他對你產生興趣，才願意跟你談話，於是，你的目的也就會最終達到了。

祝你好運，玩得開心！

當別人都被動時，你要主動

教了你很多韜光養晦的辦法，但作為一個職場新人，積極主動，尤其是在老闆們面前裝出積極主動的樣子更加重要。假如老闆的周圍缺乏主動工作者，你如果具有強烈的主動工作精神，自然能得到重視，受到重用。

要記住，每一件不起眼的小事，都可能是絕佳的發展機會。我就見過一個職場新人，她的專業在這個行業裡並不占什麼優勢，長相一般，能力也並不出類拔萃，但她進入公司後短短兩年

時間裡，從人事部文員到行銷部經理，頻繁調動升遷。她的秘訣就是在老闆們面前像女超人一樣做事，那股幹勁兒，不僅是男同事難比，連驢子和馬都被比了下去。有一次行銷部經理偶爾經過她的辦公室，她仔細地核對一張表格，非常精細得體。行銷部經理就打報告要求她去頂他們部門的一個空缺。

之後，行銷部遇到了困難，有一個項目成為大家眼中的災星，沒人願意碰。而這個時候，她居然主動提出要接下這個項目。當然，奇蹟沒有發生，最終這個項目還是流產了。但神奇的是，老闆居然給了她升遷的機會。這個老闆是我的朋友，他對我說：「能力可以慢慢培養，但她主動扛責任的這份態度就讓我動容。」

職場新人們，要記住「態度勝於能力」這句話。我可不是拿勵志書上的話來忽悠你，而是因為所有的老闆都相信這句話。大多數老闆情願要一個特別有幹勁的庸才，也不願意要一個戳一下才動一下的天才。如果你能在老闆們面前拿出十二分的拼命勁，升職加薪都變得十分可能。

裝腔就要裝得下老闆的錯

老闆會犯錯嗎？

這是個什麼鬼問題，當然會啊。但是你一定要記住，裝腔裝

得到位，老闆的錯你都得說是你自己的錯。讓老闆認錯，不如幫老闆背黑鍋。

老闆要負責很多事情，但有些事情他不願意出面或者不便直接插手，這時作為下屬的你就要主動些，積極地代老闆去做，必要的時候就應「捨車保帥」，替老闆擋駕。在這方面就需要你多瞭解、多注重觀察、分析老闆應迴避什麼事情，以便及時幫助老闆走出困境。「背黑鍋」本就是一種人性化的運動，替你的上司背黑鍋，既顯得你通達人情，又能讓上司對你刮目相看，實在是一石二鳥。

國人酷愛面子，視尊嚴為珍寶。做上司的更愛面子。作為上司，若不慎做了錯誤的決定或說錯了什麼話，自己本來就已經覺得很尷尬，如果這時下屬再直接指出或揭露上司的錯誤，無疑是向他的權威挑戰，會讓他更沒有面子，會損害他的尊嚴，刺傷他的自尊心。所以，這時候最聰明的做法就是主動把錯誤承擔起來，給你的上司一個下臺階的機會。

有一則故事說：有一家公司新招了一批員工，在老闆與大家的見面會上。老闆逐一點名。

「黃燁（華）。」

全場一片靜寂，沒有人應答。一個員工站起來，怯生生地說：「老闆，我叫黃燁（葉），不叫黃燁（華）。」人群中發出一陣低低的笑聲。老闆的臉色有些不自然。

「報告經理，我是打字員，是我把字打錯了。」一個精幹的小夥子站起來說道。

「太馬虎了，下次注意。」老闆揮揮手，接著念了下去。

沒多久，打字員被提升為公關部經理，叫黃燁的那個員工則被解雇了。

表面看來，這個老闆沒有什麼水準，打字員在拍馬屁。實則每個人都有自己的知識欠缺，犯錯誤出洋相難以避免。作為下屬，有什麼必要當眾糾正呢？如果這個叫黃燁的員工當時應答，事後再巧妙地糾正，就不會傷害老闆的面子。好在那個打字員承認自己錯了，才巧妙地讓老闆從尷尬中走出來。他得到了晉升的機會，也在情理之中。

有時候，上司會把某些本來與你無關的失誤推到你身上，你也必須學會「忍」，並且不能在臉上顯露出絲毫不滿。在待人處事中尤其是在工作交往中，很可能會出現這樣的情況：某件事情明明是老闆耽誤了或處理不當，可在追究責任時，上面卻指責你沒有及時彙報或彙報不準確。你應該怎麼辦？其實，在不影響大局的情況下，不妨替上司把黑鍋背起來。

因此，即使上司做錯了，你也要尊重他，而不是攻擊和責難。一些小錯小差池幫老闆背了黑鍋，吃了小虧，之後一定會有回報。但需要提醒的是，如果有的「黑鍋」你背不起，甚至有可能影響到你的前程，這個時候就要有底線了。什麼黑鍋都去背的人，我只能懷疑你的智商了。

裝得像老闆一樣思考

有一點必須得承認的是：老闆不一定每個地方都比員工強，但是老闆一定有比員工強的地方。找到老闆的長處，向他學習為人處世的方法，尤其是做事情的方法。實在不行，模仿也未嘗不可。

每個人從模仿中學習比從其他方式所學到的知識要多得多，大部分人會注意傾聽、觀察他人，然後模仿他人的言行舉止。老闆所具備的優勢，首先要發掘出來，然後學會模仿，使其成為自己所具有的品質。取人之長，補己之短。

在一般情況下，老闆，尤其是做得不錯的公司的老闆，其思考問題的方式是最值得學習的，而這一點又是最不容易學到的。

換位思考，經常站在老闆的角度上考慮問題，或者是站在上司的角度上來看自己，就會發現很多新的視角。員工之所以是員工，就是因為員工經常考慮的都是自己眼前的問題，工作、薪水等。但是老闆則要考慮到公司的方向，人員的安排，整個公司的收入和支出。這樣考慮問題容易培養更長遠的眼光和做事情的魄力，不會養成鼠目寸光的毛病。

經常站在老闆的角度，像老闆一樣思考，不惜一切代價為傑出的老闆工作，尋找種種機會和他們共處，目的就是為了能更多地向他們學習。注意留心他們的言行舉止，觀察他們為人處世的方法，找到他們同其他普通人不同的地方。只有比他們做得更

好，你才能獨樹一幟，在這個競爭激烈的社會中找到自己的立足之地。

還有，如果經常和老闆換位思考，你就會想，如果我是老闆，將如何去做？怎樣去做會做得更好？而且，如果你是老闆，你還會希望員工和自己一樣，將公司的事業當成自己的事業，更加努力，更加勤奮，更加積極主動。你會想出很多辦法去激勵他們，去讓他們更加無私地去做事情。

在這個過程中，你會發現：其一，公司確實不可能是員工的家，因為如果你是老闆，你也不會把員工當做家人。其二，老闆對付員工的方法你會了然於胸，你會很清楚為什麼老闆要這麼做，而你的對策是什麼；如果你瞭解公司，你甚至能夠預料到公司什麼時候會裁員。其三，你還會想出一些老闆沒有想到的辦法，這些辦法可以為你將來所用，防患於未然。

小心！老闆最會玩「無間道」

覺得身邊的同事都和你站在同一條戰線上，老闆才是你們共同的敵人──有這樣想法的菜鳥們，好恐怖喲，我彷彿看到電影情節就要在你身上發生。

我有個要好的同事告訴我說，她在前公司本來幹得很好，和同事們關係融洽。但不久這樣的生活被公司的一個新同事給完全

攪亂了。這個新人嘴很甜，處處討好她，很快就和她成了好朋友。我同事甚至把自己重要的客戶資料都給這個新人女孩看。

有一次，她在工作中出現了一個失誤，被老闆嚴厲地批評了一頓。她心情很不好，於是跟這個女孩吃飯的時候就抱怨了幾句。結果不多久又被老闆叫去訓話，「工作做不好，也別去抱怨別人。以後有什麼意見請當面跟我說，背後罵人算什麼！」她目瞪口呆，還沒想清楚到底發生了什麼事，又發現自己的客戶名單居然跑到了新人的客戶資源庫中。

她可不是省油的燈，立刻開始調查那個新人的底細，結果發現這個人竟然是老闆的小姨子，明顯是安插在眾人中間的一個「臥底」。識時務的她立刻自己辭職了。

沒有金剛鑽，怎麼當老闆！不會無間道，怎麼讓你中招！菜鳥們，多一顆提防的心沒錯，職場上小人多，想要繞過波濤洶湧的暗流，穿越錯綜複雜的險礁，到達夢想的彼岸，具有一雙識人的慧眼是決定性的關鍵，它讓你具有認清環境和辨別小人的能力。

俗話說：人心隔肚皮。職場上遇到來歷不明的同事，寧可防著點。在現實生活中與人交往時也要謹慎小心，對別人不妨把他看得不好，而考慮一些防備對策，以防萬一。否則，待他真的傷害你時就為時晚矣。

送禮的同時，還要送一個理由

　　再迂腐的職場新人也懂得，不管是老闆還是客戶，送禮是必不可少的環節。不一定是要多大多貴重的禮，而是通過送禮溝通感情、增加彼此間的情誼。但是，你如果不為老闆準備好收禮的理由，老闆接受禮物就是把自己置於是非口，好像跟你有什麼不可告人的秘密一樣。所以，送禮給老闆，一定要「師出有名」。

　　節日、生日、婚禮等有意義的紀念日都是送禮的最佳時機。因為這些時候送禮可以使收禮者不感到突兀，認為自然，容易接受。禮物送得名不正、言不順，那就會給雙方造成不好的後果。無論是給自己的老闆或者同事送禮時，一定要先找個理由，比如你可以這樣說——

小孩真可愛，這是給他的禮物

　　把理由推到老闆的孩子身上，你可以說：「東西是給孩子買的，老是看到您發在臉書上的照片，覺得真可愛啊，送點小禮物給他，交個小朋友吧。」

老爺子身體還好吧

　　你可以說：「您不用客氣，這東西是給老爺子買的——老爺子身體最近還好吧……您方便時把東西給老爺子提過去就行了，我就不再過去專門看他了。」

　　總之，找個合乎邏輯的理由，讓老闆「有道理」把禮物收下，而沒有明顯拒絕的理由。另外，如果你要求人辦事時，也不

妨參考以下說法，輕鬆地把禮送出去，辦成你想辦的事，取得極佳的效果。

「這東西是我朋友給你買的，我也沒花錢，我把事給他辦了，就什麼都有了，我也不用太跟他（她）客氣。」

「您給辦事就夠意思了，難道還能讓您花錢破費？這錢您先拿著，必要時替我打點打點——不夠用時我再拿。」

「錢先放你這裡，萬一這事情需要用錢，用上了就用，用不上到時候再給我不是一樣嗎？」

給別人送禮，還得自己想破腦筋找理由，看起來真不是個好差事。但，誰叫你身處職場需要對抗老闆呢！

老闆面前要朝九晚「無」

曾經收到過讀者來信，諮詢職場問題，這是個八〇後女孩，率性自主。她的信中說：「前一段時間公司要搬遷，我負責與業主談判、訂合約，通過招標確定傢俱商和裝修商，還要負責平面設計方案的選擇等，那事情簡直多得成堆。結果老闆就對我甩出一句話：『本月內辦好公司的搬遷事宜，如果不能完成，你就另謀高就。』瘋了吧！光是室內裝修就需要兩個月，還有那麼多事情，我就是有三頭六臂也沒辦法在月內完成啊。你說這人發號施令的時候考不考慮實際啊？腦袋一拍就給出個時限，根本沒想過

能不能完成。儘管我心裡不樂意，還是強忍著不滿找他溝通，想把具體的工作和可能遇到的困難跟他講一下，爭取多一點時間辦事。結果他相當傲慢地說：『你是以前工作拖拖拉拉慣了吧？我告訴你，現在可不像以前了，誰能提高效率誰就有飯吃，不能勝任工作就只能請他走人。』我一聽就來氣，好像誰稀罕他那份工作似的。我當時就甩手辭職了事。現在提起來還一肚子火，你說有這樣的人嗎？」

看了她的信，我回覆給她：「你的老闆是預謀好了要讓你走人，想想看，你之前是不是什麼地方做錯了？是不是該加班時沒加班？」

她這才恍然大悟，回信說「老闆是跟我提過，下班之後大家都沒有走，希望我最好能留下來繼續工作。但我是個很注重工作效率的人，每天都能在八小時內保質保量地完成任務，工作都完成了，為什麼要加班啊？儘管辦公室裡大家都還沒有走，但我的任務已經完成了啊，耗著時間完全是浪費電嘛。」

加班在很多公司是一種不成文的規定，但是如今的年輕人，非常重視自我，講究生活的品味和品質，他們認為工作只是生活的一部分，生活中不應該只有工作。如果在工作時間之外還要加班，就屬於非理要求了。一方面老闆為了趕進度，希望員工多幹活；另一方面員工強調自己的生活自由，不願意讓沒完沒了的加班影響自己的生活。

如果遇到這個女孩的情況，與老闆必要的溝通必不可少。你已經將工作完成，在你看來完全沒有加班的必要，但是大家都還

在加班，千萬不要大搖大擺地離開。如果家裡有事，就找老闆向他彙報你的工作，讓他知道你已經完成了任務，然後客氣地向他請假。

此外，偶爾做出一些適當的讓步也未嘗不可。臨近年終，公司的業績還沒有完成，老闆號召大家為公司的整體利益著想，儘量加班多出成果。遇到這樣的情況，你不妨把你那強烈的個人意志稍微放一放，先配合公司的工作。做出適當的讓步不是犧牲，相反你以大局為重的精神也會得到上司的賞識，從而獲得更多發展或提拔的機會。

別天真，老闆不是朋友

在職場裡永遠記住一條準則，縱使關係再好，面對老闆也要牢記，他是你的上司，不是你的朋友。老闆與員工的關係在某種層面上永遠是不平等的。老闆和你就像黑暗中兩條平行的鐵軌，永遠不會相交在一點。

軍人可以當著老闆的面信誓旦旦地說自己以後要當將軍，因為「不想當將軍的士兵不是好士兵」。但是當著老闆的面，你的那種想當老闆的想法卻要謹慎暴露，尤其是這種信號可能被老闆接收的時候，因為這就意味著你的發展已經設限，沒有一個老闆會因為你的才能超過他而把自己的寶座拱手相讓。

這就是職場的現實，老闆和同事永遠都不是你最真誠的朋友，丟掉幻想，少點天真。不要把你的老闆當做上帝，也不要把老闆想得太簡單。老闆就是老闆。不管你的老闆在你的心目中是怎樣的人，你都得注意級別，維護他的權威。不要擅自為老闆做主，堅決按照老闆的吩咐去做，哪怕他的指令漏洞百出，哪怕他是一個一無是處的人，只因為他是老闆，只因為他比你有分量。

　　有一則故事，說一個人去買鸚鵡，看到一隻鸚鵡前標著：此鸚鵡會兩種語言，售價二百元。另一隻鸚鵡前則標道：此鸚鵡會四種語言，售價四百元。該買哪隻呢？這人轉啊轉，拿不定主意。結果突然發現一隻老掉了牙的鸚鵡，毛色暗淡散亂，標價八百元。這人趕緊將老闆叫來：這隻鸚鵡是不是會說八種語言？店主說：不。這人奇怪了：那為什麼又老又醜，又沒有能力，會值這個價格呢？店主回答：因為另外兩隻鸚鵡叫這隻鸚鵡——老闆。

端著碗要受管，扛罵扛出戰鬥力

　　如今的職場新人多是獨生子女，從小被百般寵愛，沒聽過一句苛責。到了職場上，也聽不得別人的指責，哪怕這個人是老闆。但是，民間智慧告訴你——端著人家的碗，就要受著人家的管。這是下屬與老闆關係的最樸素表達。你在職場上的前途由他決定，一個掌握生殺大權的人都不能罵你，你當自己是宇宙之王

角色扮演，其實領導也在裝

啊！所以，就算你百般不爽，臉上也要裝出一副虔誠接受批評的神態。

為了讓這份裝出來的表情更自然，你不妨從這樣的角度來思考問題從而麻痹自己——我是新人嘛，難免會犯錯，被上司批評是當然的。雖然對上司的指責心懷不悅，甚至會產生辭職不幹的念頭，但是，凡事應該從多角度進行考慮，在挨訓斥這件事上，「上司的職責就是管理部下」，「做著人家的事，拿著人家的工資，挨點罵算什麼？」受到老闆批評時，最需要表現出誠懇的態度，從批評中確實接受了什麼，學到了什麼。最讓老闆惱火的，就是他的話被你當成了「耳邊風」。而如果你對批評置若罔聞，我行我素，這種效果也許比當面頂撞更糟。

受到批評時，最忌當面頂撞。當面頂撞是最不明智的做法。既然是公開場合，你下不了臺，反過來也會使老闆下不了臺。其實，如果在老闆一怒之下而發其威風時，你給了他面子，這本身就埋下了伏筆，設下了轉機。你能坦然大度地接受其批評，他會在潛意識中產生歉疚之情，或感激之情。

受到老闆批評時，反覆糾纏、爭辯，希望弄個一清二楚，這是很沒有必要的。確有冤情，確有誤解怎麼辦？可找機會表白一下，點到為止。即使老闆沒有為你「平反昭雪」，也完全用不著糾纏不休。這種斤斤計較型的部下，是很讓老闆頭疼的。如果你的目的僅僅是為了不受批評，當然可以「寸土必爭」、「寸理不讓」。可是，一個把老闆搞得精疲力盡的人，又談何晉升呢？

受批評，甚至受訓斥，與受到某種正式的處分、懲罰是很不

同的。在正式的處分中，你的某種權利在一定程度上受到限制或剝奪。如果你是冤枉的，當然應認真地申辯或申訴，直到搞清楚為止，從而保護自己的正當權益。但是，受批評則不同，即使是受到錯誤的批評，使你在情感上、自尊心上，在周圍人們心目中受到一定影響，但你處理得好，不僅會得到補償，甚至會收到更有利的效果。相反，過於追求弄清是非曲直，反而會使人們感到你心胸狹窄，禁不起任何誤解，人們對你只能戒備三分了。

為了使上司儘快息怒，在聆聽訓導時，要表現出心懷悔意、面露愧色。不要顯示出一副垂頭喪氣的表情，更不能與上司嘻嘻哈哈態度不嚴肅，使上司對你產生一種不好的印象。要以坦率誠懇的語言向上司承認錯誤、賠禮道歉，並表示儘快改正錯誤，爭取最大努力地彌補損失。

勇於接受上司的批評，對你是有益而無害的。臉皮厚點不吃虧，更不會受到傷害。但最關鍵、最重要的在於對訓斥的原因要認真進行反思，儘快改正錯誤，使自己不斷進步，在「挨罵」中成長。有人也戲稱，「挨罵」是與上司相處時必須練就的一種能力。因為上司總是希望他比你強，能找到你犯錯誤的地方正好可以顯示出他的偉大和聰明，你又何必不成全他呢？

CHAPETR

SIX

由內而外,
修煉裝腔氣場

裝出高端範兒，從關注財經開始

　　很多人，尤其是女孩子以為手捧一本時尚雜誌，顯擺一下內頁裡的奢侈品廣告，別人就會以為你是這個用戶群。這真是大錯特錯。也許在十年前，用時尚雜誌裝腔還是個可取的方法，但是在今天就一定行不通。現在的時尚雜誌，就是一群月薪四萬的時尚雜誌編輯，告訴月薪三萬以下的你，月薪超過十萬的人怎麼生活。所以，用時尚雜誌窺視名流生活可以，用來裝腔就明顯差了氣勢。

　　那麼現在該看什麼呢？

　　財經！

　　財經雜誌、財經新聞、財經欄目，所有一切和財經有關的東西，你都應該看看。這樣在與友人的談話間，你就能輕鬆引經據典，把各路財經資訊一抖摟，大家就會對你另眼相看，覺得真是「高端財經人士」。

　　所以，你要關注全球經濟漲落，對納斯達克、道鐘斯、恒生、日經這些名詞的使用達到一定的頻率，對各國財經狀況如數家珍。可以縱橫捭闔地談論重大的政治事件，比如「9‧11」事件、伊拉克戰爭對美國經濟乃至世界經濟造成的影響之類。關注股市動態，出入於交易大廳，但不把發財的希望寄託在股票上，對外聲稱自己不是大戶，進入股市不過是隨便玩玩，自己的生活狀況不會因為股票的跌幅而有所改變，因為不追逐蠅頭小利，所

以頗能領略出股票帶來的生活樂趣，將自己定位為潛力股，以此滿足自己的幻想。

同時，你也要擅長個人理財。在不同的銀行開不同的帳戶，房款、電話費、天然氣費、水電費全部從專門的帳號電子支付，替自己買各種保險，人壽、財產、醫療一個都不能少。MBA 或 GMAT 的考試用書、複習資料要有備份，即使從來沒去報名參加考試，但金融、財會方面的知識都有一定程度的掌握。研究財經使你的品味在經濟方面有了增值的可能。

此外，這裡再推薦一下當前在大陸暢銷的財經雜誌─

《第一財經週刊》

提供頻密而深入的報導，著眼商業創新，著眼於中國經濟轉型之後，致力宣揚市場化商業邏輯和與世界接軌的商業手法。

《商業週刊中文版》

集商業資訊、商業報導為一體的商業財經雜誌。

《經理人》

定位於 CEO 及準 CEO 階層，提供全球領先的商業思想。它是一本為 CEO 及準 CEO 階層提供商業思想和解決方案的高端雜誌。

《新行銷》

由世界行銷大師 Philip Kotler（菲利浦·科特勒）擔任終生榮譽顧問的行銷類雜誌。

記住，當你在某個有情調的咖啡館裡坐著凹造型時，請在桌前擺上以上任意一本財經雜誌，你的身價立刻就上去了。

倫敦腔！美音範兒！ Whatever ！

對於進入外商的小菜鳥們來說，掌握一門地道的外語、並且敢於經常運用，就是你升職進階的利器。我有很多國外的朋友告訴我一個奇怪的現象，尤其是很多國外大型 IT 公司，印度人的晉升機會比中國人高很多。其中一個重要的原因就是——熱情的印度人不管說著多麼蹩腳的英文，也敢於經常和老外上司交流溝通。而我們老實又害羞的國人同胞，則大多數都是一口啞巴英語，聽讀寫都非常流利，唯獨到了說的時候磕磕巴巴不成體系。可是在以外語為交流工具的語言環境中，誰會把升職機會給一個羞於表達自己的人呢。

所以，不管你是在國外，還是在國內的外商中，一定要抓住機會秀口語。不管你是純正倫敦腔，還是地道美國英語，說出來才是第一位的。

用外語單詞裝腔，乃是裝腔界最簡單最基礎的課程了。很多裝腔高手，已經到了很多詞語甚至句子不用外語就感覺不能表達心意的地步。比如對外聲稱自己是某某人的歌迷、影迷或球迷，不會直接說：「我是他（她）的……迷」，而是會說：「我是他（她）的 Fans」。當然，也可以說日語、法語、德語等。聽者能否搞清楚這些語言的意思不重要，關鍵是要讓聽者知道你有過在倫敦或東京長期居住的經歷，或者你的工作是外商白領，能在語言中充分體現中西合璧。

怎樣訓練口語呢？告訴你一些高手們的總結經驗。

第一，多說！難道這還有什麼需要解釋的嗎！但需要強調一下的是，你的目的是要把說英語轉化成母語似的說話習慣。畢竟用的時間越長，就會越熟練，注意這裡我們說的使用不是傳統的去看英文、讀英文，而是做到真正說英語、用英語進行交流。

然後呢，愛上它！我們要把學習英語當作是一個開心愉快的事情，而不是一項需要頭懸樑、錐刺骨的任務。想要做到英語口語速成，首先把英語變成自己生活的一部分，比如多看英文原聲電影、閱讀英語資料書籍等。與自己生活工作密切相關的事物，都容易引起我們的關注，在學習的時候不容易產生抵觸心理。

最後，請你務必要持之以恆的臉皮厚。要學會勇敢犯錯誤，克服恐懼的心理障礙。很多學生對英語產生畏懼都是因為英語會讓他們產生自卑感，在外語學習中出錯是正常的，沒必要為了錯誤感到羞恥。

每一個在外商工作的小菜鳥們，你們要以光耀民族榮譽為己任，大膽秀出口語，把屬於你的高薪高位搶回來啊！Thank you！

舉手投足間的氣場養成法則

歐美明星的街拍一直廣受歡迎，除了因為她們的衣著搭配值得借鑒，更因為她們強大的氣場。當然了，大多數人都是普通得不能再普通的路人甲乙丙丁，沒有天生麗質，就只能靠後天養成了。

不要小看後天培養，注意以下法則，你就會發現在你的舉手投足間，強大氣場已經悄然迸發了。

大步流星中的俐落氣場

很多人走路猥瑣謹慎，尤其是女孩子，經常小碎步。特徵如下：腳跟微蹺，重心放在前腳掌，膝蓋夾緊，小腿以下部分以內八字形快速邁動。再明顯一點，雙掌緊貼大腿兩側，跟著快速擺動，然後人體在這樣的擺動中迅速向前位移。

小碎步可是日本女人的招牌動作，可人家就是為了表現順從、逆來順受的品格。職場新人們要是採用小碎步，就別怪別人處處難為你。

不是飯後百步走，就別用散步的姿勢

很多人走路習慣拖拉著鞋子，這是明顯的散步的走法。這種習慣顯得特別懶散無力，如果在辦公室裡用這樣的步子行走，大家會覺得你真的有病了吧，這麼虛弱無力！

站著不要左顧右盼

尤其是你需要站著等人的時候，不要讓你好不容易聚起來的

氣場跑掉了⋯⋯經常看見等捷運的人，五、六分鐘時間內，一會兒換左腳稍息，一會兒換右腳稍息，一會兒扯扯衣服下擺，一會兒摸摸頭髮⋯⋯

　　左顧右盼顯得你特別沒耐心又急躁，而氣場與急躁是絕對對立的。就那麼幾分鐘你就不能忍忍，挺胸收腹站直了。實在無聊就看看手機刷微博，但請注意，除了手指動作，請不要再有多餘動作。

坐有坐相

　　幾乎每個家長都會教育小孩「站有站相，坐有坐相」。其實這就是最簡單樸實的氣場養成法則。只可惜很多人左耳進右耳出，把民間博大精深的智慧視作耳旁風。

　　坐下來，並不意味著你比別人矮了一截，至少氣勢上可以不會。你可以把椅子坐滿一半，蹺一個比較收斂的二郎腿，上身向前微傾，這是一種具有壓制氣勢的身體語言。關鍵在於：肩膀展平，不要聳肩。說話的時候下巴稍抬，直面而視；傾聽的時候也可以用這個姿勢，如果覺得過於逼視對方，可以將目光投在前方桌面上。目光垂得別太低了，當你發覺已經看到了自己的腳尖，請把眼睛抬起來一點吧。

　　當然，蹺二郎腿也要有技巧。一定要杜絕抖腳、吊著半隻鞋、拿腳尖亂指方向亂點人。總之就是優美一點，收斂一點。上身後仰，舒展，別含胸駝背。另外，坐姿中也別把雙手夾在兩腿中間，天氣再冷也別把大腿內側當做摩擦生熱的地方，因為實在太難看了！

姿勢是體現氣場的重要細節，千萬要重視。有時候，你的一個充滿自信和氣場的動作，說不定就為你贏得了老闆的關注，更有可能得到 Mr.Right 的垂青。別不相信了，很多陷入愛情中的人回憶當初，都是被對方的一個姿勢所吸引的。但我相信，這些吸引人的姿勢可能千奇百怪，但絕對不會包括抖腳、駝背、聳肩！

氣場不如別人強，你也要不卑不亢

很多職場新人有這樣的毛病，在比自己氣勢弱的人面前自信囂張，而一旦遇到氣場強大的主，就迅速萎靡下去。那個人可能是前輩、上司，甚至只因為他（她）比你高，比你有錢，所以就慌了手腳，矮了一截。

我遇到過一個新入行的小姑娘，大家一起開會時，她特別緊張。手腳都不知道往哪兒放，一會兒摸摸筆、一會兒摸摸衣領，像一場獨角戲。我們的老闆看她不知所措的樣子，就特意問她：「剛入職吧，還適應嗎？」小姑娘好像一下子抓到救命草一樣，拼命說話：「啊，是啊，挺好的，大家都挺照顧的，我覺得這個環境特別好……」邊說邊笑，一直持續了 10 分鐘。我們老闆的笑容都快僵在了臉上。還好秘書提醒，總算結束了小姑娘的演說，大家才進入正題開會。

很多人像這個小姑娘一樣，剛剛步入職場時，一碰到老闆或前輩趕緊裝可愛、裝活潑、裝無知，借此掩飾自己的緊張和新人入行的自卑。但這可不是個好辦法，不僅自己手忙腳亂，別人看著也覺得不自然。最恐怖的是，你的個人形象從此定型，被別人劃到年輕不靠譜的行列。以後有什麼大事需要擔當責任時，老闆們肯定不會讓你去挑大樑的。

所以遇到氣場比你強大，或者說可能比你強大的人，自己不要提前亂了陣腳。有時候不知道該說什麼，不要沒話找話，乾脆給對方一個沉穩的微笑。如果真是會裝腔的職場老手，對方肯定會主動挑起一個話題，這個時候你就配合他把寒暄進行下去就好了。

愛奢侈品的第一步，叫對它的名字

用奢侈品來裝腔，即便老師不教，相信很多人生來就會。省吃儉用一年買個包，大膽地在同事們面前炫耀。一切好像都很自然又高端，但總有些細節讓你原形畢露——當你無限自豪地說：「這是我朋友從法國給我帶回來的和麼斯！」這個時候，真正內行的人只會微微一笑。我們用有限的銀兩去追時尚追大牌，不是瞎起哄而需要真內行！即便不資深至少也得「裝」得很內行。當別人都口口聲聲管 LV 叫「哎呦喂」的時候，唯有你華麗麗地甩

出了一句純正的巴黎腔——「路易‧衛登」，就算我的包真「Made in taobao」，也從裡到外透著這麼高端。

Hermès 估計是錯讀率最高的一個品牌了，滿大街的讀成「Her-mes」，可以去看下時裝秀和美劇，讀音是：〔e（r）-Mes〕，「H」是不發音的。

很多人像你一樣，對奢侈品牌有興趣，也很喜歡研究它們，但是，作為一個奢侈品迷，你真的弄清楚了它們的品牌讀音了嗎？很多人都是按照字面的字母發音或者是中文譯名來依葫蘆畫瓢地念，其實，大部分品牌我們都念錯了。特別是法國品牌。

Agnes B：千萬不可按英文念成「Ag-nes：Bi」，正確的發音是〔Un-Yas-'Bea(r)〕。速成發音：啊你 e 絲 BEAR。

Givenchy：紀梵希，好多人念成〔Gi：-Ven-Qi〕，罪過，罪過，正確的念法是：〔Jhee-Von-Shee〕。速成發音：志 von 池。

Yves Saint Laurent：大堆人整天念著「Y-S-L」，這個法國的殿堂級品牌應讀作：〔Eve-Song-La-Hong〕。速成發音：衣佛 SIDE 羅 Hong。

Jean Paul Gaultier：不要又傻傻地把法語讀成了英語，不是「Ji：n」，而是：〔Song-Paul；Go-Ti-Er〕。

Louis Vuitton 讀作：〔Lu-i： Vi-』Dong〕。切記法語中的 S 是不發音的，整個音節的重音在「tton」上。速成發音：路伊 V 凍。

Lanvin：法國的著名箱包品牌，讀作：〔Lon-Ven〕。

LANC.ME：〔lon-kon-m〕1935 年創立於法國巴黎，其名字

來自法國城堡「Lanc.sme」。字母「O」上的小帽子「^」正代表了它的法國血統。

Laura mercier：〔lo-ha-mac-ci-er〕：速成發音：lo 哈 mac 寺 er，注意 e 是音標〔e〕的音，r 是輔音字母沒加母音時的音。

其實要規避念錯的尷尬也並不一定要臨時抱佛腳，狂啃中法大字典，當你遇到以下狀況的時候切忌脫口而出：

第一，遇到以「la」或者「le」或者是「l'」開頭的品牌，如「La mer」「La prairie」、「La chapelle」。

第二，當你看到 26 個英文字母以外的字母符號，這也多半是非英文，如「Chloé」、「Hermès」。

當你遇到以上兩種的時候就不要固執地用英文來處理了，不妨效仿一下中規中矩派的做法，讀中文不丟臉，但讀錯了就沒面子了。

為了讓你更好記憶，我們用小學時常用的標中文念英語課文的方式。當你想賣弄一下就能秀一下，唬弄唬弄零基礎的人還是沒有問題的。

Cartier＝噶緹耶

Hermès＝嗳赫媚思

Chanel＝sha 耐樂

LV＝路易衛登

Dior＝迪哦呵

不光是品牌的讀法，有些法語單詞的意思你還是最好知曉。就拿我們經常買的香水為例，瓶身上的 pour femme 和 pour hom-

由內而外，修煉裝腔氣場

me，看不懂可是要鬧笑話的。法國的大牌有很多，這裡列舉的只是九牛一毛。最後再教你一招裝腔高招，在你聽到某個同事念錯名字的時候，當著大家的面笑一笑，但是不說什麼，然後找個機會只有你們兩人在，就告訴她（他）：「對了，上次就想跟你說了，不是酷奇哦，是古馳，我原來也老念成酷奇，被我義大利的表姐糾正了三百遍才改過來，呵呵！」

夠獨立，強大氣場邁出第一步

想成為一群人中的核心？希望大家都尊重並且期待你的看法和意見？想影響力、號召力十足？想拿到三個「Yes」？你必須首先自己強大起來，能夠獨立應對各種問題。當你自己的氣場足夠強大，才能夠形成一個強力磁場，將周圍的人都吸引過來。

初入職場的新人們，給自己貼上以下標籤，你才算是邁出了培養強大氣場的第一步。

1. 經濟獨立

啃老族和傍大款的小三族，實在是我最討厭的人群。尤其對於年輕女孩子來說，千萬不要因為結婚就放棄自己的工作。認為嫁給誰就等於找到了長期飯票簡直就是荒謬。

2. 不斷「充電」

關注時事、接近人文，擁有熱切求知的好習慣，書籍、電

影、資訊光碟、網路都必不可少。和聰明的人比外表，和漂亮的人比內涵，你才能贏在綜合實力上。

3. 獨自旅行

選擇獨自旅行的方式來度過自己的閒暇時光。單獨旅行不僅可以攝取新知，更是一種自我探索，獨自面對陌生的外界環境，絕對能夠培養自律，訓練自信，感覺生命的美好與完整。

4. 關注自身健康

關愛自己身體的每一部分，將更多的時間和金錢花在有益於健康的活動上。跑步、游泳、健身、爬山，只要是對身體有好處的運動，都樂此不疲。

5. 能獨樂樂也能眾樂樂

時刻注意擴大自己的社交圈，藝術展覽、科技研究、商貿交流、國際環保，只要對自己有益的活動都要積極參加。在這些活動中，可以認識各個行業、各個領域的朋友。從這些朋友身上，你可以開闊眼界、學習新的知識、參與更多的社交活動，也為自己創造更多打開世界的機會。

氣場強大與否，手勢悄悄洩露

言多必失，一定是真理。有時候閉上嘴，只用一個簡單的手勢，就能展現出強大氣場，可謂千言萬語只在一瞬間。

手勢對語言起著補充說明的作用。揮手表示再見；雙手比畫一定的尺度大小；豎起大拇指是對別人的誇讚；豎起小拇指則表示輕蔑；食指彎曲與拇指接觸，呈圓形，其餘三指張開，表示某件事情已經完成，即「OK」；而拇指和食指伸直，呈垂直狀態，其餘三指併攏，大致成槍形，則表示內心深處的仇恨比較深，有發洩的慾望，等等。每一個手勢都發揮著獨立有效的作用，也表現出不同的心理反應。

　　注意你的手勢，千萬不要讓它洩露你的軟弱。

　　不要不停地動彈你的手指，會讓人覺得你目前正處在非常緊張的狀態中，感到無所適從，於是借這種方式來轉移自己的注意力，以緩解緊張的心理。用指尖輕敲桌面，並發出清脆的聲響，暗示這個人可能陷入某種思維困境當中，或是在思考解決問題的辦法，或是處在猶豫之中，不知道某個決定到底是該下還是不該下。也有可能是這個人不耐煩，通過這種方式來減輕內心的壓力。

　　手勢不要太多，動作越多，氣場越弱。一個人如果經常有較無聊的手勢和動作，說明他在大多時候都很難控制自己的情緒，且比較重視一些表面化的東西，虛榮心和表現慾望比較強烈。

　　習慣於把手指放到嘴邊咬指甲或是吮吸手指的人，讓人感到很不舒服，甚至是噁心。這樣的人或許外表高大健壯，但精神和心態上還是比較幼稚的，因為心理成熟的人絕對不會有這樣的行為。在說錯某一句話時，趕緊用手捂住嘴遮掩，這樣的人性格絕對不會外向。他們大多非常靦覥，說錯話以後會非常後悔，並感

覺不好意思。把手放在腹部，並且無意識撫摸腹部的人，多有些神經質、多疑。

人不經意的手勢總會洩露內心的隱秘，氣場強大的人手勢不多，但非常有力量。比如，在重要場合發表言論時，將觀點劃分成清晰的「1234 點」，同時用手指比出「1234」來增強力度。這就會顯示出一副非常有邏輯，且自信有條理的態度。這樣的氣場，就會讓觀眾更容易接受他的觀點。

鞋跟有多高，氣場就有多盛

大家自己也會有這樣的一個體會：個子越高的人，氣勢彷彿天生就高人一截。這沒辦法，因為海拔的問題，高個子看別人必須用俯視，而這種視線本來就有一種居高臨下的傲慢感。有時候他們也不願意，可是物質條件決定了精神高度，他們天生就能有高氣場。

那矮個子怎麼辦？當然要想辦法自己裝出高度來啦。高跟鞋簡直就是矮個子逆襲的神器。對女孩子來說，高跟鞋是個好東西，它把女人的美感發揮到極致。可高跟鞋要穿得好看真的不容易，在此，向把高跟鞋穿出美感的職場老鳥們致敬。

但是，很多人雖然穿了高跟鞋，卻沒能發揮出它的優勢來。有時候我們看到一個漂亮姑娘，長腿高跟鞋，特別有氣場。而當

她一邁腿……美好印象就幻滅了。她走路時膝蓋關節彎曲著，不挺直。我承認這個走法我也用過，能減少對膝蓋的衝擊，特別是那種鞋跟高和前掌薄的鞋子。但舒服歸舒服，整個人卻呈現出半殘疾的樣子，再加上要保持平衡，肩背微微弓起……不僅沒有發揮出一雙高跟鞋的妙用，還帶來了反作用。

把高跟鞋穿出美感，這個功課真的要好好做。去 Google 一下穿高跟鞋走路的技巧，還是可以借鑒的。平時經過商場櫥窗時，建議借著反光看一看自己的步態，要是看上去一跳一跳的……那快回家 Google 吧。

這裡就放送一點點福利，把我從網路上找到的高跟鞋穿著經驗告訴你們——

剛開始穿高跟鞋，不習慣是肯定的，而往往剛開始穿高跟鞋的女孩抱著試一試的心態不會買太好的高跟鞋。品質不好、鞋跟不穩的高跟鞋，很容易導致腳步疼痛，所以還是儘量買品質好、口碑好的品牌。

一定要穿合碼的鞋。鞋碼不合腳就會加速疲勞，加重疼痛感，一般來說，如果沒有合腳的鞋，大 0.5～1 碼自然就可以用半碼墊，或者買緩解疲勞的矽膠墊，我覺得那個矽膠墊還蠻管用的。

高跟鞋上腳後，試著走走，一定要覺得鞋子落地很穩才行，然後足弓要有托舉，這樣腳的承重才分佈均勻，才不會痛。腳部保養：對女孩來說，穿高跟鞋時美美的，但是就需要私下多做一些保養，比如每天穿了高跟鞋後的按摩和熱敷，這是最簡單有效

的保養方法。偶爾還可以擦一些精油。釋放雙腳：回到家裡，立刻脫下高跟鞋，光著腳走路。這樣可以讓你的腳徹底放鬆，擺脫鞋子的約束，也是最簡單的消除腿部與足部疲勞的好方法。

不過需要補充說明一點，穿高跟鞋對身體健康倒沒什麼好處，所以選在工作場合穿著，如果是自己的休息娛樂時間，還是儘量讓雙腳解放一下啦。

裝點社交圈，職場社交達人速成

社交場上，總有些人格外閃亮。他們遊刃有餘地與各色人等來往，說話辦事優雅合體。這樣的人像一個天然強力磁場一樣，把其他人牢牢吸引在自己周圍，形成龐大的人脈關係網。似乎無論什麼圈子都有著他們的「傳說」。

想成為擁有如此強烈氣場的社交達人，你就得首先好好清理你的社交圈。一般人的社交圈通常都包含「第一圈子」和「第二圈子」。通常「第一圈子」中利益的成分占很大比重，因為將彼此聯繫在一起的是工作。很多事情，就算你不喜歡，你還得做；很多人，就算你不喜歡，你也得和他們打交道。在這個圈子裡，有你所不喜歡但必須直接面對的人，所以這個圈子未必是輕鬆的。

第二圈子是你喘息的地方。你可以和好友約好每週末做美

容，善待自己外加放鬆心情；你可以和幾個玩得來的朋友下酒吧逛商店，聊到哪裡是哪裡；還可以在節假日和「狐朋狗友」一起出門旅遊，瀟灑走天涯。這樣的圈子很鬆散、默契，因為大家的目的取向很明確，就是追求快樂。

想在每個圈子都如魚得水，看看社交達人怎麼做——

主動出擊，絕不被動

在社會交往中不能總做接受者。如果你僅僅是個接受者，而不會主動聯絡、幫助別人，那麼無論什麼網路都會疏遠你。搭建關係網絡時，要做得好像你的職業生涯和個人生活都離不開它似的，因為事實上的確如此。

與圈子中的每個人保持積極的聯繫

要與關係網絡中的每個人保持積極的聯繫，唯一的方式就是善於運用自己的日程表。比如，記下那些對自己特別重要的人的紀念日，像生日或周年慶祝等，並在那個日子到來時，打電話或者發一條細心編寫的短信都能讓對方感到十分舒適。

推銷自己

在人際交往中要盡可能地推銷自己。當別人想要與你建立關係時，他們常常會問你是做什麼的。如果你的回答沒有表示出足夠的熱情，你就失去了一個與對方交流的機會。讓你的回答充滿色彩，同時也能為對方提供新的話題，說不定其中就有對方感興趣的。

做 Party 常客

多參加一些活動或者宴會，對你擴大自己的社交圈有很大幫

助。這些場合可能會同時彙聚了自己的不少老朋友，利用這個機會你可以進一步加深一些印象，同時還可能認識不少新朋友。

以最快的速度發送祝福

遇到朋友或同事升遷或有其他喜事，要記得在第一時間內趕去祝賀。當你的關係網成員升職或調到新的組織去時，也要儘早趕去祝賀他們。同時，也讓他們知道你個人的情況。如果不能親自前往祝賀，最好通過電話來表達一下自己的友誼。

成功打造了自己的人際關係網路以後，也要不斷檢查、修補這些關係網絡，隨著部門調整、人事變動及時調整自己手中的牌，修補漏洞，進行分類排隊，不斷從關係之中找關係，使自己的關係網絡一直有效。

內要「裝」，外更要「妝」

尤其對女孩子來說，化妝的重要性不用我再強調了吧。現在還跟我說「男生更喜歡素面朝天的女孩子」的人，趕緊回家面壁去。他們喜歡的「素面朝天」，要不然是真的天生麗質，要不然就是頂尖的「裸妝」。本身就長得讓人著急，自己還不去彌補的女孩子，才真是無藥可救。

另外，對各路護膚品、化妝品諳熟於心的人，才能成為一群女孩子中間的核心人物。想想看，當所有姐妹都一臉虔誠地讓你

推薦化妝品時，你的腔調才達到了極致。

不多囉唆。以下都是各路化妝品達人總結的經驗之談，內容略多，但只要你悉心學習，下一個達人就是你。

先說幾種典型的潔面產品。

偏鹼多泡潔面膏

起泡細膩豐富，容易沖洗。日系的潔面膏大多屬於這個類型。一般來說，護膚專家都是不推薦這類潔面的，認為這類潔面會破壞皮膚的酸鹼平衡。但事實上，很多日本和臺灣的女生還是特別推崇日系潔面，甚至是超級美容大王大 S。

如果你喜歡日系潔面的使用感，但又擔心產品太乾，對策就是購買抗衰老或保濕系列的潔面膏。但對於皮膚敏感、薄、乾燥的皮膚，最好不要長期使用這類產品。推薦產品有：資生堂。它是生產這類潔面的好手，重點推薦 White Lucent/UV White 系列的潔面和開架的 Perfect Whip 超微米潔面霜（仍然有乾的危險）。

超溫和潔面乳

這類潔面乳是皮膚科醫生、化妝師和不少演藝人士最推薦的安全型產品，不含皂質，不起泡沫。其中有些為了避免水洗造成的敏感，含有免洗配方，可以用紙巾直接擦掉。膚質中性偏乾的朋友，就是那種近看也沒有毛孔的選手，用這種潔面就十分合適，不會出現乾燥的問題。推薦產品：露得清 Neutrogena 的水滋潤洗面乳（性價比高）、Cetaphil 舒特膚溫和洗面乳。

潔面皂

經常容易有一個誤區，認為潔面皂一定鹼性大、清潔力超

強。但事實上有不少潔面皂都是不含皂質的溫和型產品。尤其是男士，很多人很喜歡用潔面皂。推薦產品：DHC 純欖滋養皂，多芬肥皂（超高性價比）。

潔面泡沫、潔面凝膠、潔面粉

潔面泡沫的優點是不用自己打泡，泡沫異常細膩，用起來很方便。凝膠則感覺用起來會比較費，起泡弱，性質偏溫和。推薦產品：Caudalie 葡萄籽潔面泡沫，Nuxe 蜂蜜潔面凝膠，Fancl 保濕潔顏粉。

再說說其他化妝品達人必須張口就來的推薦品——

卸妝用品：資生堂 DEEP OIL；MISSHA 玫瑰釀卸妝乳；歐萊雅眼唇卸裝液。

面膜：露得清的毛孔細緻面膜和細白面膜；蘭芝鎖水者哩面膜（睡眠面膜）；VOV（草莓、綠茶）面膜；牛爾玫瑰晚安凍膜；美麗加芬紅酒面膜；李醫生去黑頭面膜。

水水：依雲噴霧；昭貴蘆薈鮮汁；田緣舞沙玫瑰純露；THE FACE SHOP 金盞花綠花控油水。

CHAPETR SEVEN

品質生活進階指南

不做死肥宅，泡泡咖啡泡泡吧

剛踏入社會的新人們，一時間很難適應勞累的職場生活。比起翹課睡覺的學校，職場真是有太多心酸太多苦，所以很多人走出辦公大樓，就拖著一身的倦怠直奔自己的床榻，呼呼睡大覺。長此以往，不僅顯得特沒有生活情調，也會成為朋友們口中的「死肥宅」。

一個有腔調的人，不管有事沒事，必去泡吧。酒吧、咖啡吧、茶吧，即興而定。當然不是猥瑣地走進去再龜縮一角，你一定得懂些基本規則，才裝得出腔調，贏得回面子。

裝腔法則第一條，你要諳熟吧的位置。在台北，情調濃厚又洋氣十足的信義計劃區是首要選擇。如果你偏靜，也可以找一些特色酒吧。當然，你可不能像檢查衛生或安全防火似的每間店鋪都得蒞臨，而是挑選一些比較有特色的，如能聽到印度音樂，能看到尼泊爾紙漿燈罩，還有有穿牛皮鞋的阿富汗女孩子服務的那種連名字都沒有的小店。

裝腔法則第二條，神情很重要。神情一定要悠閒自然。進門之前，滿面疲倦，風塵僕僕；進門後，輕鬆入座，凝視著酒杯、咖啡杯或是茶杯的眼神要流露出親切和熟悉。要略帶淡淡的憂鬱，不可趾高氣揚，浮華喧囂，但更不可愁眉不展，一副苦大仇深的壓抑感。憂鬱，需要一定著裝的烘托，深色或冷色調的，能使你沾上點貴族氣，對異性的吸引指數也立馬飆升。

裝腔法則第三條，懂得多才裝得像！無論何時，對於酒、咖啡或茶的產地、品質、特性都能說出個大概。以下又是知識福利時間，這裡介紹大家一些著名咖啡種類，把它們都背熟了，然後帶著妹子泡咖啡吧的時候，你就可以盡情顯擺了。

1. 象糞咖啡

象糞咖啡正式的名稱為「黑色象牙咖啡」，是用泰國象消化並排泄出的咖啡豆磨製的咖啡，這些咖啡豆是採自海拔 1500 公尺處的最好的泰國阿拉比卡咖啡豆，而這些大象則位於泰國北部的金三角亞洲象基地。大象體內的酶在消化過程中分解豆中的蛋白質，因而使之幾乎沒有普通咖啡的苦味。因為該咖啡的供應量極其有限，因此只在世界上少數的五星級酒店銷售，身處世界最昂貴的咖啡之列。

2. 麝香貓咖啡（貓屎咖啡）

產於印尼，咖啡豆是麝香貓食物範圍中的一種，但是咖啡豆不能被消化系統完全消化，咖啡豆在麝香貓腸胃內經過發酵，並經糞便排出，當地人在麝香貓糞便中取出咖啡豆後再做加工處理，也就是所謂的「貓屎」咖啡，此咖啡味道獨特，口感不同，但習慣這種味道的人會終生難忘。「貓屎咖啡」也是世界產量最少的咖啡。

3. 藍山咖啡

它是一種大眾知名度較高的咖啡，只產於中美洲牙買加的藍山地區，並且只有種植在海拔 1800 公尺以上的藍山地區的咖啡才能授權使用。藍山咖啡擁有香醇、苦中略帶甘甜、柔潤順口的

特性，而且稍微帶有酸味，能讓味覺感官更為靈敏，品嘗出其獨特的滋味，是為咖啡之極品。

以上品牌就夠你炫耀一陣子了。記住，當妹子問起你有沒有喝過時，千萬不能露怯。你可以神秘地微微一笑，說：「這種有錢人的玩意兒，嘗試過一次就行。那味道，嗯，是有些不同。」暗示你曾經喝過這些昂貴的咖啡，又透露出些許清高的神色，沒見過市面的妹子們立馬手到擒來。

最易裝腔的身分標籤——體育運動愛好者

體育運動除了能給你健康的體魄，在如今這個裝腔作勢的社會裡，它也是你身分和品味的象徵。尤其在世界流行前沿的歐美，高級白領們都有健身的習慣，至少會有晨跑的習慣。部分頂級 CEO 們一定有遊艇，高爾夫球場上也總是找得見他們的身影。愛好體育運動，讓他們看起來理智而富有激情。

所以，我的建議是，你一定要表現得熱愛運動。

趕緊去辦張 VIP 卡，不必是一線健身房，注意性價比。偷偷告訴你，很多健身房的年卡可以打折。你沒必要讓別人知道你買了打折卡，只需要讓人知道——你是某家健身房的長期會員。

最好每週光顧一次健身房。在專業教練的指導下練健美，跳操，塑身，減肥。不管多麼窈窕的女士或多麼矯健的男士，對自

己的身材都隨時保持危機感，似乎自己的體形已經開始有礙觀瞻，再不練練，甚至會影響自己的工作效率。

學著打打網球，場地要塑膠的，球服、球鞋至少也得是 NIKE 或其他世界知名專業品牌的，球拍用 PRINCE 的就行。你還得精通比賽規則，ACE 球、破發、佔先、搶七等術語解釋起來清晰明確，顯示出專業教練的架勢。

高爾夫球至少去訓練區打一場。跟朋友談起來就說：「以前還打，現在都沒怎麼去了，不過那些陽光、草地、新鮮空氣還是挺讓人回憶的。」當然，老鷹球、小鳥球、標準桿、這些詞語早就耳熟能詳。

此外，你還得關心體育資訊。NBA 的明星和球隊，你也得認識一些。跟人談起，就說：「科比負傷以後，我喪失了 30% 以上的興趣。」足球世界盃來了，跟著朋友去搖旗吶喊，去酒吧、餐廳，邊喝啤酒邊評球。當然，你得事先對足球的規則和雙方球員的基本情況瞭若指掌。

當所有人都以為你是一個體育運動的愛好者時，恭喜你，你在他們心中樹立了一個多麼陽光積極的高大形象啊！

帶同事回家吃牛排

作為西餐主打的牛排，懂不懂牛排是檢驗菜鳥們洋氣與否的

重要問題。不想在老鳥們面前露怯，但去昂貴的西餐廳吃牛排又太不划算，最好的辦法就是提前掌握牛排相關的資訊，然後約同事嘗一嘗你「親手煎的牛排，不會太生，也不會老」。

週末，你可以約上相熟的同事們到家裡，然後用下面這個方子烹調一道簡單又美味的胡椒牛排。

裝腔菜單—黑胡椒牛排

材料：牛排、黑胡椒、五香粉、蠔油、白糖、醬油、洋蔥、蕃茄。

做法：

1. 將牛排洗淨後用刀背輕輕拍散，然後加入黑胡椒、蠔油、五香粉、白糖、醬油，醃製二小時，最好能放置冰箱過夜，這樣味道更好；

2. 牛排中途翻幾次面，然後在入烤箱前加入洋蔥片一起再醃製一小時入味；

3. 烤盤上抹上一層薄油，底層鋪上醃製好的洋蔥，放上牛排，然後再放入切塊的蕃茄。

為了確保萬無一失，提前先練練手。做完之後記得跟同事說一句：「哎，今天失手了。」既能表示謙虛，又能做你萬一失手的伏筆。

記住，吃是其次，關鍵是你得顯出很懂的樣子。邊吃，邊告訴他們一些關於牛排的常識。比如說說牛排的種類。菲力牛排也稱牛里脊，特點是瘦肉較多，高蛋白，低脂肪，比較適合喜歡減肥瘦身要保持身材的女子；西冷牛排，也叫沙郎牛排，是外脊

肉，牛的後腰肉，含一定肥油，尤其是外沿有一圈呈白色的肉筋，上口相比菲力牛排更有韌性、有嚼勁，適合年輕人和牙口好的人；T 骨牛排，是牛背上的脊骨肉，呈 T 字形，兩側一邊是菲力，另一邊是西冷，既可以嘗到菲力牛排的鮮嫩，又可以感受到西冷牛排的芳香，一舉兩得。

然後還可以稍微提及一些品牌，比如告訴他們：「其實，特地道的牛排，我們國人的口味還真不太適合，在我吃過的牛排中，我覺得王品台塑牛排還不錯，你覺得呢？」

不管你的同事是不是真的懂，你在他（她）的心裡已經樹立了洋氣又見識廣的高大全形象。恭喜你！

如何表現你是「星巴克的常客」

去星巴克喝咖啡，雖然顯得陳腐老套，被很多人視為裝 B 典型。但是親，那都是沒裝好的結果，如果你能瞭解星巴克的各種內涵，像一個真正的「常客」一樣，大家嘴上不說，心中也會暗暗覺得你多金又有品味。

星巴克作為全球最大的意式咖啡連鎖經營店，對於意式咖啡的推廣及至風靡全球，功不可沒。作為一種時尚文化，我們經常可以在各大城市看到那個墨綠色的美人魚 Logo，而美式速食文化與義大利特質咖啡的結合，也使我們必須掌握基本的點咖啡本

領。讓我幫你解讀一下星巴克的基本咖啡單，使你從深層次認識並掌握星巴克咖啡的真諦。

首先，星巴克的咖啡是分大、中、小杯的，顧客根據自己不同需要自由選擇。小杯容量是 8 盎司，中杯容量是 12 盎司，大杯容量是 16 盎司。一般情況下，中杯是比較常用的量。而說起咖啡種類，基本有以下幾種：

濃縮咖啡，也就是義大利特濃，外文名 Eepresso。當然 Eepresso 也不是所有人都可以享用的，因為這種由高壓蒸汽迅速噴蒸出來的液體，極其濃郁，這種咖啡一般飲用時不添加任何糖奶等調味料，一些資深咖啡愛好者，只喝 Eepresso，一杯下去，精神百倍。Eepresso 一般不分大小杯，只有單份與雙份之分，雙份會更濃，量稍微多一點。

美式咖啡（CaffèAmericano）。簡單說，就是 Espresso 加熱水。一般來說小杯用一份 Eepresso，中杯用兩份，大杯用三份。

卡布奇諾（Cappuccino）。卡布奇諾就是奶沫咖啡。先做一份 Eepresso，再用蒸汽噴蒸牛奶打出奶泡，然後將熱蒸奶倒入咖啡杯，最後將奶泡輕澆在咖啡杯的最上面。喝這種咖啡嘴邊或多或少的會沾上一些白色的奶沫。

拿鐵（Caffè Latte）。Latte 很像 Cappuccino，都是咖啡蒸奶最後再附上奶沫，唯一不同的是比例，Cappuccino 的牛奶只是加到六分滿，奶沫會更多一點，所以叫奶沫咖啡。而 Latte 是牛奶加到八分滿，奶沫相對少，所以 Latte 又叫牛奶咖啡。

摩卡（Caffè Mocha）。這種咖啡是很好喝的品種，所添加的

輔料也最多。首先，取一份巧克力醬擠到杯底，在上面加一份 Eepresso，然後加牛奶和奶泡，最後在上面擠一塊鮮奶油，這種咖啡很受女生歡迎。

瑪奇雅朵（Macchiato）。喝 Cappuccino 和 Latte 一樣，也是 Eepresso 與牛奶的結合，所不同的是，這裡所加的全部是奶泡，而沒有蒸奶。通常，星巴克會在 Macchiato 中加入焦糖，焦糖瑪琪雅朵非常之好喝，這都源自於焦糖的魅力。

星冰樂（Frappuccino）。星巴克的特色飲品，更像冰砂飲料，有些與咖啡無關。

另外，星巴克為熟客或者咖啡老饕們根據自己口味而推出的自由選擇式點咖啡方法。你可以申請多加一份 Eepresso 以使咖啡的味道更濃郁，或者申請在你點的咖啡裡加入各種口味糖漿或焦糖，再或者你也可以叫店員為你點的咖啡加一份奶油。這些額外的增加服務都需要另付費。

知道了這些內容，以後去星巴克，請記得優雅地對店員說：「中杯 Latte，嗯，要冰的吧！」

葡萄美酒夜光杯，裝腔不能只靠吹

適當瞭解一些飲酒常識，能夠幫助你在飯局上有的放矢地裝腔。不過，你得知道飯局可是個藏龍臥虎的地方，你不能假把

式，得真懂。酒這個東西，博大精深，我也只能淺淺一說，更多內容還得你自己再慢慢體會。

如果是比較正式的宴會，那麼在正餐前，餐前酒是必不可少的，也就是所謂的開胃酒。最普遍的開胃洋酒是在各種宴會上多有提供的產於義大利的金巴利酒，它迷人的紅色象徵著義大利人的浪漫與激情，人們喜歡用它配以橙汁或加冰塊，那美妙的餘味能使人胃口大開。還有一種洋酒馬天尼乾威末（Martini Extra Dry），也是一種很受青睞的開胃酒。

隨著時間的推移，轉入正餐後，通常是根據宴會食譜的安排及檔次來提供酒水。但似乎最不能缺少的便是紅、白葡萄酒。想必它的加盟，更能創造出溫馨的氣氛，營造和諧的環境。一般說來，葡萄酒都是跟晚宴的佳餚相配合的。如果晚宴以海鮮為主，多數人喜歡喝一些白葡萄酒，以增加海鮮的鮮美味道。如果晚宴是以肉食為主，那麼配以紅葡萄酒更為美妙：一來可以暖胃；二來可以提高肉類的鮮嫩程度並可去除肉中的腥味。

當然，如果你吃中餐，則一般喝國酒。最煩有些裝腔裝失敗的主人，一桌子包子饅頭還非得配一瓶洋酒……在大陸南方，人們比較講究「酒對」──狀元紅酒專對雞鴨菜點；竹葉青專對魚蝦菜點；加飯酒專對冷菜；吃蟹時要飲黃酒……具體而言，就是色、香、味淡雅的酒類應與色調冷、香氣雅、口味純的菜點配合；色、香、味濃郁的酒類應與色調暖、香氣馥、口味雜的菜點相配。鹹食一般選用乾、酸型酒類，甜食選用香甜型酒類，辣食選用濃香型的酒來配套。

如是西餐，則講究更大。正宗西餐的用酒習慣是：吃羹湯時喝雪利酒；吃魚和海鮮時喝無甜味的白葡萄酒；吃肥膩或濃味的牛羊肉和野味時，喝高度紅葡萄酒，最常見的是白蘭地酒；吃乳酪時可用紅葡萄甜酒；甜味的香檳則和布丁一起上桌。具體到每種酒的飲用，又有特殊的講究。如在品嘗蘇格蘭威士卡前應先吃一點香脆的餅乾，讓味覺恢復正常，如能喝一點清水清除口腔內的異味，飲用時味覺更佳。威士忌酒可以淨飲，也可以加冰、加水或蘇打水，一般作為餐後酒飲用。

　　外國人認為香檳酒可令飲者胃口大開，宜作餐前酒，如配以魚子醬、凍肉、蜜餞果，則美味可口。一瓶真正的香檳，具有葡萄的細膩和清新的氣息，在口感上有著花香味和水果芳香，酸澀中帶有甜甜的滋味。由於香檳酒本身帶有一點點綠色，根據色彩對比學的原理，利用香檳來搭配一點紅色的食物，絕對會讓賓主盡興。最理想的狀況是用原味的香檳來搭配肉類菜肴，而以甜味香檳來搭配餐後甜點。

　　以上常識，能幫助你略懂一些酒桌秘密。當然還有更多只可意會不可言傳的酒桌規則，記住一點，一定要喝酒，不喝顯得你做人太假；一定不能喝高了，斷篇之後，你所有裝腔的努力都白費了。

擁有萬件地攤貨，那也只能當個地攤女王

問你個簡單的問題，假如給你 1000 元去買衣服飾品什麼的，你打算怎麼花？很多職場菜鳥們，絕對是堅持數量取勝，比如會買回來 100 元的廉價香水，100 元的 T 恤，上面有水鑽和線頭，700 元的小西裝外套，100 元的毛衣鏈等等。

我們公司有個女孩走馬燈似的換新衣服穿，夏天的時候能夠做到一天一套，大半個月不重覆。但是當她談論到自己又花了少少錢買回七、八件衣服時，嘰嘰喳喳的大家都會沉默下來。那些廉價的地攤貨怎麼入得了老鳥們的眼呢！

數量上去了，品味卻下降了，真不值得。不如去商場買一件打折的 T 恤，記住要是那種最常見普通的款式。雖然看似樸實，但有眼力的老鳥一眼就知道你買了什麼牌子，而你買的牌子類型有時候就決定了他們會不會把你拉入他們的小圈子。

所以，一定要寧缺勿濫。「一分錢一分貨」是閃光的民間智慧，比很多經濟學家的理論強多了。所以不要幻想著只花少少一點錢，就能擁有很多美麗衣服鞋子、化妝品和香水。不是要你走另一個極端，不吃不喝存夠一個月買個 LV 包，蘿蔔煮湯兩星期買一瓶雅詩蘭黛。只是數量和品質相比，品質一定要優先。

便宜衣服不是不能買，少買那些鮮豔得不自然的顏色，少點累贅的裝飾。穿上身之前，要剪掉露出來的線頭。如果你沒有街頭氣質，就別穿大面積水磨、佈滿破洞的牛仔褲，褲子還是藍中

帶青的配色。如果暫時買不起製作精緻造型美好的首飾毛衣鏈，那就什麼都別戴。買優質單品，適當留白，個人特質才有機會顯現。

這一節不僅是女生課，男生們更要注意。現在電子商務愈加發達，女孩子們網上淘寶的確可以淘到很多物美價廉的衣服，尤其在夏天，大家也不會過於苛求你的裙子是不是品質夠優。但對男生就不一樣。其實男生的衣櫃不一定要琳琅滿目，牌子過硬、品質過硬的衣服準備幾套就足夠了，只要你穿著整潔，並且看著有品質，你的腔調才能上升。

別以為內衣、襪子藏在裡面就沒人看見

我曾經和一個女同事一起出差，當時住著標準間。這位周身名牌的閃耀女人脫掉外衣後，不小心讓我窺見了她的內衣——鬆鬆垮垮，全無品質感可言。那一瞬間，她白富美的形象在我心中轟然崩塌，以至於後來我都不太願意跟她來往。你是不是覺得我小心眼兒？但是，她這樣一個外表光鮮而不注重細節的人，我只能說逼格實在不高。

對女人來說，內衣、襪子等貼身衣物，一定要特別講究。這些細節才是你生活品質的試金石。尤其是內衣，不僅要材質好，還要注重型。有很多女孩不會挑選內衣，完全達不到調整胸型的

目的，反而讓胸部的缺點更大化。

　　來來來，別害羞，來學學如何正確地為自己或者為自己的女朋友挑選內衣。

　　首先，你得知道內衣分不同的罩杯類型。無縫罩杯是以絲棉或泡棉一體成型之胸罩，用以配合針織或 T 恤、貼身服飾；無縫胸罩下緣墊上襯墊，厚度由下往上遞減，就是所謂的下厚上薄內衣，可有效且迅速將乳房上托提升；半罩（1/2 罩杯）上罩杯面積較低，只有下罩杯完整地支撐乳房，所以較適合嬌小胸部之穿著，能使小胸部之胸型更加豐滿。1/2 罩杯有深淺裡襯墊設計，可依照胸部的容量、型態及對豐滿胸部的期待，選擇厚薄、形狀搭配應用之。1/2 罩杯通常都採活動式肩帶，僅以鋼絲加強脅部支撐，可滿足愛美女性搭配露肩禮服或是露背的服飾；3/4 罩杯能使乳房脂肪向中心點推移、集中的罩杯，能縮小乳間距離，對於外開型胸部具有補整的效果，並可以展現乳溝之魅力。

　　全罩杯是無鋼絲全罩，講究自然運動、休閒與睡眠，並以補整脂肪擴散的胸部為主要目的，容量深，可使胸部集中，強調自然、輕鬆無壓力，享受自由自在的世界。有鋼絲全罩：罩杯下緣有鋼絲弧度寬廣，使罩杯容積大，可固定胸型、提高胸線，脅部加高能固定兩脅部流竄的脂肪，具有提升效果。水滴式全罩：適合豐滿乳房及長線型乳房，有預防下垂與提升補整的效果，水滴狀之受力效果最佳乃是因乳房的提韌帶型態相同之故，由於造型如同水滴而有此名稱。

　　管它 ABC，不同體積的胸適合不同的罩杯。偷偷按自己的

尺碼選擇合適的吧。調整得當的話，恭喜你一秒Ａ變Ｃ！

旅行，最具談資的裝腔愛好

這年頭，不是旅行愛好者，你拿什麼跟朋友們聊天顯擺？成為一名頗為專業的戶外旅行愛好者，才能讓你在朋友們面前更有腔調。

緊張勞碌一週，遇到雙休日，就找家野外探險俱樂部去野營；倘若是那種挑戰生存極限的，除帳篷、睡袋外只允許帶一把刀，一盒火柴，一點乾糧的徒步旅遊，就更是刺激了。遮陽帽、旅遊鞋、背包，這些行當一定要專業。出去野營，除非曝熱，不要擦防曬霜，皮膚黑點才夠健康。在遊山玩水的過程中，時刻留意身邊形單影隻的異性是否正需要援助。這樣的旅遊才算得上浪漫。

至於有連續的假期的，兩週前就得選好出遊地點、出遊路線。冬天要去墾丁日光浴，夏天去合歡山、清境農場。出發前，從網上查出到目的地的海陸空的最佳路線，通過電話預訂好機（車、船）票以及所要下榻的賓館，一切要進行得從容而有序。偶爾心血來潮要去歐美走走，感受異域的風情，親身體會巴黎的夜景，回來後，帶回的紀念品一定要貨真價實。

不同人對不同旅行門類的偏好，也能反映出一個人的性格類

型。問問同事或者朋友，他們喜歡什麼樣的旅行，你就能大致判斷這是個什麼樣的人。

喜歡欣賞風景的人是不想被侷限於斗室之內的，呆板的工作往往令他們感到煩躁，他們是精力充沛的人，而且很有幻想，任何生活中的新責任或新體驗，都會讓他們大為興奮。

喜歡漫步海灘的人個性略帶保守與傳統，愛好孤獨，有一種離群索居的慾望。不過，由於這種人對朋友和人際關係都很冷漠，所以他們會是好父母，因為他們會把所有心思都放在孩子身上。

喜歡參加旅遊團的人是很理性的人，做什麼事情都喜歡計畫得井井有條，不期待任何驚奇的意外之旅。此外，他們個性豪爽，喜歡與別人分享一切，而且，當別人懂得欣賞他們的時候，他們會格外高興。

喜歡到各地去探訪朋友的人的最大優點，也是他們做任何事情的最大動力。在探訪朋友或親戚時，會讓他們有踏實感。他們是實事求是的人。

喜歡出國旅行的人是追求潮流和時尚的人，生活中的變化，會讓他們覺得很刺激。此外，他們還充滿幽默的個性，不容易被生活的重擔壓倒，總是過著自由自在、毫無拘束的生活。

當你問一個將要去度假的人，希望從事何種消遣時，如果他以登山回答的話，那麼，你就可以判斷他是個內向型的人。內向型的登山愛好者，經常組隊向岩壁挑戰，以攀登征服人煙稀少、人力難及的險峻高峰為目標。他們對大自然的態度也不同於外向

型的人，對於大自然的險峻、壯觀以及美麗，他們又愛又恐懼，雖然敢於對它挑戰，但是，始終不把它當成享樂的休閒對象，他們一向以真摯的態度對待那些他們想要征服的高山大川。

　　一般來說，內向型的人比較能夠適應大自然嚴酷的環境，探險家就不用說了，就是登山者也幾乎都是內向型的人。真正名副其實的愛好登山之人，不僅抵制不了山峰險峻的誘惑，他們也熱愛溪流聲、高山植物、冰河、蟲鳥等山峰擁有的自然景觀。這一類人幾乎毫無例外地屬於對自己也相當苛求的內向型人格。外向型的人說「我也喜歡大山」，這時你不妨認為——充其量，他只喜歡去那種能夠吃野餐的小山丘罷了。

　　瞭解了這些，你就能更自如地用旅行裝腔，比如，喜歡深沉異性的妹子問你喜歡去哪裡旅行，你就目視遠方，緩緩告訴她：「山在哪裡，我就去哪裡。」

頭等艙！但凡有機會就坐頭等艙

　　菜鳥們，在職場上拼搏，除了能力、勤奮以外，機遇和貴人相助將幫你省下特別多的時間和麻煩。很多菜鳥無背景、無家世，在公司也是老闆們根本看不到的小嘍囉，到哪裡去巧遇貴人呢？

　　我有個留學美國的朋友，凡是有名人到場的場合，她總要想

辦法與她所仰慕的名人見上一面，只說兩三句話，不給人家更多的打擾。運氣好的話，還能得到一張名片。再遇到另外的人時，她就裝作無意識地提到那些名人，然後不失時機地把名片秀一下。結果在她的圈子裡，她成了大家心目中的社交精英。

當然，混入貴人所在的富豪俱樂部實在太難，但頭等艙的價格，你偶爾還是應該承受得了的。搭乘頭等艙的乘客大都是政界人物、企業總裁、社會名流，他們身上可能存在許多重要的資源可供我們挖掘。搭乘頭等艙就可以為自己搭建高品質、高價值的人脈關係網，因為這裡出現「貴人」的頻率要遠遠高於其他場所。所以，坐頭等艙成為結識貴人最簡易的方法之一。試想，幾個小時的航程裡，要和身邊的頭等艙乘客發生一次小小的對話再容易不過了。有的人在短短幾個小時的飛行中就談成幾筆生意，或者結下難得的友誼，這在經濟艙內的旅行團體中是很難碰到的。

越來越多的人懂得了這個道理。所以，讀 MBA 的人可能不是為了充電，考託福的人未必想出國，考司法的人不一定要當律師。許多人原本是為了一張證書而進入某個圈子，後來卻變成了融入某個圈子，順便拿張證書。證書對於他們來說，彷彿已經不是一張許可證，而更像是一張融入某個社交群體的准入證。

「搭乘頭等艙」的做法看起來很容易，但懂得這個道理的人未必都能做到，這就需要掌握一些相應的要領了。

要捨得付出，不要計較一些「小帳」和眼前利益。去乘頭等艙，出入一流地方，當然需要比較大的花銷，但這筆花銷所帶來

的利益和好處是顯而易見的。所以，如果你總是捨不得手裡的一些小錢，便等於將自己與貴人的圈子劃清了界限，縮小了自己的交際範圍。這樣的人恐怕很難成就大事。

要歷練自己的風度和氣質，成為一個舉止優雅、文明大方的人，這樣在一個較高層次的圈子裡才能如魚得水。這就是說要努力讓自己融入這個圈子，而不是被圈子裡的人嘲笑，被這個圈子排斥。試問，一個在餐桌上表現失態的人，怎麼可能與一位上層社會的貴人相談甚歡呢？

不要表現得過於急功近利，無論你抱有什麼樣的目的，付出了多麼大的代價，結交貴人都不是一兩天就可以大功告成的事。如果過於急切地表明自己的意圖，甚至不惜做出諂媚的樣子，那麼你將失去貴人對你的好感和尊重，得不償失。

家有萌寵，主人親和力滿分

如何讓你看起來顯得更有親和力？穿卡通圖案的衣服？打扮成年輕十歲的樣子？或者整張臉上持續性洋溢著幸福笑容？這些招數都可以，但最簡單的辦法就是牽條狗。

公園裡牽著狗的中年怪叔叔身上都能迸發出慈父般的光輝，更何況是一個年輕的大小夥子或者大姑娘。一旦狗鏈在握，你的腔調值就瞬間滿格，悠閒地徜徉在路上的你至少給了旁觀者幾個

印象──這是一個有愛心的人，這是一個工作之外有生活的人，這是一個有閒錢的人！

遇到想搭訕的妹子，就派狗上去，還試探對方是否和你同樣有親和屬性。如果她對迎面而來的狗狗展現出迷人笑容，你就不慌不忙地走上去，關心地問：「這是我的狗，沒有嚇著你吧？」一段美好邂逅就此開始。

家有萌寵，好處多多。你的夜晚將不再孤寂，它會讓你感到安慰；經常遛狗，和寵物玩耍，讓你不可能再發胖；經常撫摸動物或觀賞魚可以讓你感到放鬆，使血壓得到降低；提前培養做父母的責任感，如果你總是親自給你的寵物餵食、洗澡並馴化它，將來養寶寶也輕車熟路；還能擴大你的社交圈，你將認識一大堆動物愛好者，在公園、獸醫診所、在宴會上……

不過需要提醒你的是，養寵物也是一件嚴肅的事，因為你將對另一個生命負起責任。我經常聽到這樣的故事：男女朋友認識不久同居了，滿心歡喜地收養了一隻小貓或小狗。幾個月後兩人吵架，曲終人散。雙方誰也不願意再為可憐的小東西付出愛，看到它就想起了可惡的對方。於是，把才收養幾個月的小傢伙扔到街上，揚長而去。因為租到了房子，弄個小動物養養解悶；因為退租，連小動物一塊退掉，丟到空蕩蕩的房子裡不問死活任其自生自滅。小倆口新婚燕爾，養個寵物寶寶寵愛有加，不久妻子懷孕，因為聽說可怕的弓形蟲會影響胎兒，於是不問青紅皂白將寵物寶寶棄養。看到別人養寵物，自己也弄來一隻，養了才知道，原來養寵物有那麼多麻煩，要吃飯，要拉屎，訓練不好會拉得到

處都是，還要清掃；亂叫招人煩；剛來就病了，還要上醫院看病……受不了，給人；自己經常出差，工作超時，生活緊張沒規律，小動物跟著受罪，吃了上頓沒下頓，或者整天在家忍受孤獨寂寞的折磨……

以上種種，都是現實生活的真實寫照，儘管沒有統計資料，僅從街上流浪貓狗數量的不斷上升和黑心狗市的存在和繁榮就能夠斷言，這樣的人絕不在少數。所以，養寵物前一定要三思，純為了提升逼格而養寵物，最後將為自己帶來大麻煩，而如果你不負責任地拋棄寵物，被其他人知道了，還裝什麼裝，一輩子掛上「混蛋」的身分牌吧。

滿屋子花花草草，生活質感飆升

被同事邀請去他家做客，看到滿屋子生機勃勃的綠植，對對方的好感度立馬飆升。倘若再看到對方的陽臺上自己種著小蕃茄，或者蔥薑蒜苗，適時地給你端來一盤鮮豔欲滴的草莓，淡淡地說：「多吃水果挺好的，但是外面賣的實在不放心，這是我自己種的，天然有機，放心吃吧。」就此拜倒在對方的石榴裙或者西裝褲下吧！

如今食品安全、環境安全頗受質疑，轉戰有機農業已經成為相當多企業大佬的選擇，某互聯網公司的老總都開始養豬了。還

覺得自己做點農活很土的人，真是被時代甩出了好遠。當然了，廣大屌絲沒法一擲千金地去效仿大佬，但是自家陽臺上開闢一小塊地方，種種花花草草、日常蔬果總是可以的吧。當你邀請朋友們來做客的時候，這些綠植也就是你品味的另一張名片，絕對為你的腔調加分。

不過，養什麼植物也是有講究的，選擇適宜的室內植物應根據裝飾的空間大小及位置、生境條件及室內特殊要求等來考慮。客廳可選用馬拉巴栗（發財樹）、巴西鐵、綠蘿等；而廚房、浴室、窗臺、茶几等則以小型植物如文竹、吊蘭、蘭花、仙客來等為主。

想讓家裡的空氣更加乾淨清新？來點綠色植物。蘆薈、吊蘭、虎尾蘭、一葉蘭、龜背竹是天然的清道夫，可吸收氮氧化物、甲烷、甲醛、苯類、一氧化碳、二氧化碳、二氧化硫、過氧化氯等多種有害氣體。

想抗輻射，在家裡擺上仙人掌、寶石花、景天等多肉植物，它們都具有吸收電磁輻射的作用，在家庭或辦公室中擺放這些植物，可有效減少各種電器電子產品產生的電磁輻射污染。

夏天蚊子多怎麼辦？植物也能驅蟲殺菌。有的植物具有特殊的香氣或氣味，對人無害，而蚊子、蟑螂、蒼蠅等害蟲聞到就會避而遠之。這些特殊的香氣或氣味，有的還可以抑制或殺滅細菌和病毒。這些植物包括晚香玉、除蟲菊、野菊花、紫茉莉、檸檬、紫薇、蘭花、丁香、蒼術、玉米花、蒲公英、薄荷等。

此外，以後遇到某同事或朋友的生日，當大家都俗不可耐地

職場新人脫胎換裝指南

捧上一束鮮花時，你送給他（她）一棵種在花盆裡的綠植，相信我，從此你就是清新脫俗鶴立雞群的高腔調人士。

你不·理財，財不·理你

這其實是一個被說爛了的話題，可是職場上的月光族卻是個相當龐大的數量群。每次拿到工資，第一件事就是憂傷地還信用卡、交房租，剩下可憐巴巴的一小疊兒，趕緊犒勞一下自己。這好像是大部分職場新人的每月循環影像，比大姨媽還準。

會裝腔的職場達人可不這麼幹。理財，當然是腔調高的表現之一。其實，理財的原則很簡單，概括起來就是要量入為出，儘快地積累起投資的資本；儘早投資，哪怕是有限的收益率，假以時日，你就能獲得可觀的收入。

想學理財，當然也要量體裁衣。如日常結餘較少，宜採取儲蓄或購買保險的方式進行投資；日常結餘較多的中等收入者，可以採取以定期存款和債券為主，適當投資股票和期貨為輔的投資組合方式；某些高收入人群，則可適當涉入投資收藏等領域。

五大理財裝腔心法

（1）強迫儲蓄法

一人吃飽全家不餓的你，養成了有多少就花多少的習慣，即使工作許多年了，還一點儲蓄也沒有。要想讓自己日後的生活有

所保障，最好選擇從戶頭中每月強迫扣款的方式來存錢，比如零存整取。無論如何，要先存下一筆錢作為投資的本金，接下來再談加速累積資產。

（2）聚沙成塔法

一日三餐、基本日用品、坐趟公車、一本令人心動的小說、一場賞心悅目的電影、一件價廉物美的衣服……鈔票出錢包的頻率相當高，因此一天下來，你會發現錢包裡多了許多零錢（台幣50元以下），此時你可將其悉數取出，專門放置一處。以後如法炮製，日日堅持，一月、一季或半年去銀行換成整錢結算一次。此時平常不善存錢的你，便會驚喜地發現每日取出存放的無足輕重的零錢，已彙聚成一筆可觀的數目。

（3）分類記帳法

一定要養成記帳的習慣，裝個家庭理財軟體就讓記帳變得非常輕鬆，你只要把你的花銷分門別類地登記上去，並將餘額與你實際擁有的現金進行核對就可以了。堅持去做，你對自己的花銷就會瞭若指掌。如果家中沒有電腦就在筆記本上記錄，雖然麻煩一點也是值得的。

（4）忍者神龜法

面對瘋狂的購物慾望你要學會忍，要將有限的財力用在刀刃上。事實上，只要你做個有心人，完全能在各種不同的打折銷售時期，花上原價幾分之一的價錢，購到你心儀的名牌。

（5）尋找替代品法

工作壓力大、心情不好時，許多人常會用逛街「血拼」來發

洩情緒，應該試著找些不需花太多錢的方式作為替代。比如跑步、打球、到山頂上高聲 喊……這些都能達到減壓與調節情緒的作用。

總之，理財投資是一本學問。當你為自己累積下第一桶金時，可以諮詢經驗豐富的會計師或財務專家，或與其他有投資經驗的人討論自己的財務規劃，然後再做決定。經濟時代，做個月光族實在太沒身價了，現在就行動起來，腰包鼓起來，下巴才會跟著抬起來！

買的不如賣的精

菜鳥們想過性價比最高的品質生活，團購、優惠券什麼的都會去嘗試，但是有一點要提醒你——買的不如賣的精。眾所周知，如今在利益的驅使下，商家「把戲」層出不窮，消費者一不小心就會陷入商家精心設計好的陷阱。因此，識別和繞開商家設下的「陷阱」，是菜鳥們必須修煉的絕技。

拒絕免費的午餐

天下沒有免費的午餐，商家的「免費」，可能在後面會讓你非常「破費」。比如說某些理髮店「免費設計髮型」，一通折騰後告訴你「設計免費，但啫喱水是進口的、髮卡是鍍金水晶的……」這種時候，你連哭的地方都沒有。

洞悉打折的真相

曾經流行過這樣一句順口溜——七八九折不算折，四五六折毛毛雨，一二三折不稀奇。打折就是隨意定價的結果，商家一開始就想好了用打折的辦法「釣魚」、「矇人」。建議朋友們在打折面前，最好不要衝動，冷靜一下，看看這個東西你是否真的需要。不需要，打再低的折也不應為其所動。

避開返券的圈套

送得越多，更要加倍小心，通常有以下幾種：其一，禮券的購買受到嚴格控制，也就是說，沒有幾個櫃檯參加這個活動，只要稍加留意就會看到「本櫃檯不參加買××送××的活動」的不在少數。其二，到了秋裝上市的季節，那些夏天的貨品時日無多，趕緊處理。這就意味著你在今年也沒多少時日穿它了。其三，連環送的形式送得「有理」，由於實際消費過程中一般不可能沒有零頭，這就無形中使得折扣更加縮小，商家最終受益。其四，要弄清楚送的到底是 A 券還是 B 券，A 券可當現金使用，而 B 券則要和同等的現金一起使用。

逛超市要保持頭腦清醒

在逛超市的時候，貨架一般都是三層的，你有多少注意力會放在貨架的底層呢？經過研究，只有不足 10%的人把注意力放在貨架底層，60%的人注意中層，30%的人注意上層。對整個零售業來說，這可是個絕對重要的資訊，全球的超市都在因此而調整自己的貨架擺放體系。當商家打算增加銷售額的時候，他們會把偏貴的產品放在中層和上層；當他們打算追求最高利潤的時

候，就會把對自己利潤最高的商品放在中層和上層。那麼貨架底層都是些什麼商品呢？當然都是同類產品裡便宜或者對商家來說利潤偏低的東西嘍！對我們大多數人來說，這其中可不乏物美價廉的好東西。

面對「無商不奸」，你一定要眼觀六路、耳聽八方，保持清醒頭腦，識破他們的詭計。理性地購物，永遠能夠保證你既滿足Shopping 的慾望，又不至於收到讓你想哭的信用卡帳單。

不文藝，你都
不好意思打招呼

偶像劇 No！文藝片 Go！

你當然可以和閨蜜一起討論剛看的偶像片中，男豬腳有多帥、男配角有多 Man，但到了需要裝腔的時候，拜託，把你的喜好丟到一旁，和他們談談某個「獨立製作小電影」。順便加一句：「戛納也越來越商業化了，其實我個人還是比較推崇獨立電影。」

看過王家衛的《花樣年華》和好萊塢大片《指環王》後，開始關注中東的電影市場，睜開慧眼欣賞來自阿拉伯世界的伊朗影片，在全球化的大背景下認真體會異域風情、異質文化。而且這影片不會只靠在家裡看盜版 VCD 來解決，要去影院感受環繞身歷聲。

千萬不要對電視劇過分感冒，嚴格把握與青少年的區別，尤其是《還珠格格》、《流星花園》之類的青春泡沫劇。就小資而言，海外華人導演拍的影片是他們的最愛，因為他們也是「有分寸的另類」，像李安的《喜宴》、《推手》，王家衛的《重慶森林》、《春光乍泄》、《花樣年華》，要反覆看上幾遍細細品味其中的滋味。

歐美和日本的言情片，輕喜劇也是值得好好欣賞一番的，比如《四個婚禮一個葬禮》、《網上情緣》、《綠卡》、《純真年代》、《英國病人》、《布拉格之戀》、《情書》，都可以作為經典走上影片收集者的名單。

總而言之，你要裝出的就是一副不屑於大眾主流的小眾姿態，把幾個有著拗口名字的導演常常掛在嘴上。不知道的話，就買一本歐洲電影史，隨便挑幾個背下來，然後在與人談起的時候，不經意地說，「我還是覺得伯格曼的時代才是電影的黃金時代。」

這裡我再友情附贈你 IMDb 排行榜，讓你裝腔時有更多談資。神馬？！！你連 IMDb 都不知道，那你到底要怎麼裝！

IMDb（InternetMovieDatabase，互聯網電影資料庫）是目前全球互聯網中最大的一個電影資料庫，裡面包括了幾乎所有的電影，以及 1982 年以後的電視劇集。IMDb 的資料中包括了影片的眾多資訊，演員、片長、內容簡介、分級、評論等，我們用的最多的也就是 IMDb 的得分。全球最流行、最看重的排行就是 IMDb 排行，記住了，再有人向你推薦電影，你就問問他：「哦？這麼好，是 IMDb 強烈推薦的嗎？」

IMDb　TOP 100		
排名	分數	電影名稱
1	9.1	肖申克的救贖（1994）又名（刺激1995）
2	9.1	教父（1972）
3	9	教父 2（1974）
4	9	盜夢空間（2010）
5	8.9	黃金三鏢客（1966）
6	8.9	低俗小說（1994）
7	8.9	辛德勒的名單（1993）

8	8.8	十二怒漢（1957）
9	8.8	飛越瘋人院（1975）
10	8.8	星球大戰 V：帝國反擊戰（1980）
11	8.8	蝙蝠俠前傳 2：黑暗騎士（2008）
12	8.8	指環王：王者歸來（2003）
13	8.8	七武士（1954）
14	8.7	星球大戰第四集：新希望（1977）
15	8.7	卡薩布蘭卡（1942）
16	8.7	盜亦有道（1990）
17	8.7	玩具總動員 3（2010）
18	8.7	搏擊俱樂部（1999）
19	8.7	無主之城（2002）
20	8.7	指環王：護戒使者（2001）
21	8.7	後窗（1954）
22	8.7	奪寶奇兵：法櫃奇兵（1981）
23	8.7	精神病患者（1960）
24	8.7	西部往事（1968）
25	8.7	非常嫌疑犯（1995）
26	8.6	沉默的羔羊（1991）
27	8.6	駭客帝國（1999）
28	8.6	七宗罪（1995）
29	8.6	記憶碎片（2000）
30	8.6	風雲人物（1946）
31	8.6	指環王：雙塔奇兵（2002）
32	8.6	日落大道（1950）
33	8.6	奇愛博士（1964）

34	8.6	這個殺手不太冷（1994）
35	8.6	阿甘正傳（1994）
36	8.6	西北偏北（1959）
37	8.6	公民凱恩（1941）
38	8.6	現代啟示錄（1979）
39	8.5	美國 X 檔案（1998）
40	8.5	美國麗人（1999）
41	8.5	計程車司機（1976）
42	8.5	終結者 2：審判日（1991）
43	8.5	迷魂記（1958）
44	8.5	異形（1979）
45	8.5	拯救大兵瑞恩（1998）
46	8.5	阿拉伯的勞倫斯（1962）
47	8.5	天使艾美麗（2001）
48	8.5	機器人瓦力（2008）
49	8.5	閃靈（1980）
50	8.5	發條橙（1971）
51	8.4	光榮之路（1957）
52	8.4	無間行者（2006）
53	8.4	鋼琴家（2002）
54	8.4	千與千尋（2001）
55	8.4	異形續集（1986）
56	8.4	M 就是兇手（1931）
57	8.4	殺死一隻知更鳥（1962）
58	8.4	他人的生活/竊聽風暴（2006）
59	8.4	雙重賠償（1944）

60	8.4	美麗心靈的永恆陽光（2004）
61	8.4	夢之安魂曲（2000）
62	8.4	唐人街（1974）
63	8.4	落水狗（1992）
64	8.4	洛城機密（1997）
65	8.4	第三個人（1949）
66	8.4	從海底出擊（1981）
67	8.4	碧血金沙（1948）
68	8.4	城市之光（1931）
69	8.4	巨蟒與聖杯（1975）
70	8.4	潘神的迷宮（2006）
71	8.4	桂河大橋（1957）
72	8.4	致命魔術（2006）
73	8.3	回到未來（1985）
74	8.3	憤怒的公牛（1980）
75	8.3	美麗人生（1997）
76	8.3	摩登時代（1936）
77	8.3	2001：太空漫遊（1968）
78	8.3	雨中曲（1952）
79	8.3	熱情似火（1959）
80	8.3	無恥混蛋（2009）
81	8.3	全金屬外殼（1987）
82	8.3	莫札特（1984）
83	8.3	帝國的毀滅（2004）
84	8.3	天堂電影院（1988）

85	8.3	綠裡奇蹟（1999）
86	8.3	勇敢的心（1995）
87	8.3	美國往事（1984）
88	8.3	飛屋環遊記（2009）
89	8.3	羅生門（1950）
90	8.3	彗星美人（1950）
91	8.3	馬爾他雄鷹（1941）
92	8.3	大都會（1927）
93	8.3	老爺車（2008）
94	8.3	象人（1980）
95	8.3	大獨裁者（1940）
96	8.3	角鬥士（2000）
97	8.3	公寓春光（1960）
98	8.3	麗蓓嘉（1940）
99	8.3	騙中騙（1973）
100	8.3	罪惡之城（2005）

文藝咖如何談論音樂

　　談論音樂是最能裝腔的一個部分，學習裝腔的新人們一定不要錯過這個話題。但，這也是個難度系數相當高的話題，談得好了極能為你加分，而一旦方向走偏，就會讓你的氣質特別像一個國產品牌—土逼 No.1。

其實，想儘快摸清一個陌生人的脾氣秉性，一定該去和他聊聊音樂：一個人在音樂方面的喜好會透露他的很多性格特點。依據音樂品味來揣測人的個性甚至往往比靠相片還準。在美國，年輕人最愛談論的話題是音樂——排在穿著、書籍、電影、電視節目和體育之前。愛聽熱情奔放的音樂的人性格外向，鄉村音樂的愛好者老成持重，爵士樂樂迷機敏理智。

這種關聯使人們可以從音樂品味入手比較有把握地判斷一個人的個性。聽什麼音樂是性情的流露，同時也決定了一個人能否被某個群體接納。有些人會僅僅因為討厭某人喜歡的音樂，就輕蔑地貶低那個人的品味。此外，還有人通過聽與眾不同的音樂來彰顯個性。

所以，你聲稱自己喜歡什麼音樂，其實就能幫你塑造什麼形象。尤其是你想快速融入一個群體時，一定要找到這個群體喜歡的共同音樂。但一般來說，如果你呈現出以下的音樂感覺，就算和這個群體的品味不一樣，也會顯得清新脫俗，讓人能夠接受。

簡單說來——一定要小眾！

喜歡小眾音樂讓你顯得格外與眾不同，就算與你喜好不同，大家也會對你另眼相看，覺得你別有品味。我在這裡簡要推薦一批可以掛在你口邊的小眾歌手。

曹方——2003 年悄悄地發行了第一張唱片《黑色香水》，從此成為挑剔的業內人士推崇的標誌性音樂人。可顯擺曲目包括《遇見我》、《城市稻草人》、《比天空還遠》。

盧廣仲——談起他時記得說這是「被公車輾過的音樂鬼

才」。可顯擺曲目包括《我愛你》、《早安晨之美》、《好想要揮霍》。

張懸——以往聽陳綺貞，現在要聽張懸。可顯擺曲目包括《Scream》、《親愛的》、《喜歡》。

除了掌握一批小眾歌手，請你對各種風格的音樂都要有所涉獵。記得從每個月的薪水裡專門劃出一部分收藏 CD，古典、鄉村、搖滾、爵士等。要裝腔也應該下點血本。

記住，以後跟朋友行走在路上，路過用手機外放神曲的人，請投以輕描淡寫的一個眼光，然後對朋友展露一個顯得超級無奈的微笑，彷彿在說：「看看這些人，這都什麼品味啊。」

去小劇場浸泡一下文藝氣息

當新同事發短信問你在幹什麼時，記得等半個小時再回。告訴他們：「我剛剛看完一場話劇，在一個小劇場。」

對！除了看電影，一定要看話劇。你可以想像一個不看話劇的文藝青年嗎？一名靠譜的裝腔文藝青年，一定要對知名劇碼如數家珍，並且諳熟各個話劇導演的風格。在和朋友談起週末的活動時，一定要很輕描淡寫地說一句：「最近的商業大片都很無聊，還是去看個話劇吧。現場的感染力大於一切。」

當然，此前你一定要做好功課，至少現今幾個最當紅的導演

你得清楚啊。下面就是本節的話劇裝腔知識小課堂，讓我們牢記這幾個話劇導演的個人資料和創作經歷，這以後就是你裝腔的優勢談資。

孟京輝

當前亞洲劇壇最具影響力的著名實驗戲劇導演。現為中國國家話劇院導演。他以獨具個性的創造力，多元化的藝術風格，不僅開拓了中國當代戲劇的新局面，而且已經成為一種值得矚目的文化現象。他執導的《一個無政府主義者的意外死亡》、《戀愛的犀牛》、《臭蟲》《關於愛情歸宿的最新觀念》、《琥珀》都引起了強烈的反響。

值得一提的是，孟京輝與妻子廖一梅，是戲劇創作上的好搭檔。導演的很多劇碼都是妻子編劇。她是孟京輝的搭檔、學妹、妻子、孩子他媽。代表作《戀愛的犀牛》成為近年小劇場戲劇史上最受歡迎的作品。

賴聲川

被《亞洲週刊》譽為「亞洲劇場導演之翹楚」，賴聲川是華文世界最著名的劇場工作者之一，從 1984 以來，以強烈的創意吸引觀眾湧入劇場，帶給臺灣劇場新生命，從此持續為中國語文劇場開拓新的領域與境界。被日本 NHK 電視臺稱為「臺灣劇場最燦爛的一顆星」。

代表作有《那一夜，我們說相聲》，這個由五個相聲段子所組成的「相聲劇場」，借由正在消失中的藝術形式來反映現代社會中的許多事物與觀念的消逝。《暗戀桃花源》、《紅色的天空》，

以及最新的《如夢之夢》。

　　記住，遇到這些導演的劇碼，無論票價多少，絕對到場。觀看的過程中，鼓掌的時機要恰當，姿勢要優雅。演出結束退場時，做出沉醉其中，久久不願離去的樣子。

勵志書放廁所，文藝書裝口袋

　　我有個特別會泡妞的朋友曾經給我講了這麼個故事，有一回他坐飛機出差，為了打發時間就買了本偵探小說。結果發現身邊的座位上坐著一位氣質極好的姑娘。我朋友立馬把偵探小說藏在了包裡，然後掏出一本卡爾維諾的《樹上的男爵》，假裝認真地讀了起來。果不出所料，中途這位姑娘就主動找他搭訕了：「你也喜歡卡爾維諾？」後面的花邊故事我就不多講了。說這個小段子只是為了說明，閱讀品味也是你腔調的重要組成部分。裝腔別忘記了裝出優良文藝的閱讀品味來。

　　經典名著走馬觀花，瞭解梗概即可，主要是為了談論時不會貽笑大方。實際上，正襟危坐地捧著一大本厚書，看著密密麻麻的文字，既影響視力，又弄疼了臂膀，不如看看改編後的影視劇，免得偶然與別人提起曹雪芹或莎士比亞時會無從落足，有損中國人的面子。

　　暢銷書，確切地說是聲名鵲起的書一定要一探究竟，比如

《誰動了我的乳酪》等，深刻領會其中所蘊涵的時代精神，對這些書之所以成名的原因有自己獨到的見解，最後以一種理性的口氣宣佈該書純屬炒作。

至於張愛玲、村上春樹等眾口相傳的著作要仔細品讀，比如《傾城之戀》、《挪威的森林》，管它講什麼，讀完之後，能揣摩成書時的時代背景。書中的精彩情節要記住幾段，富有韻味的語句不妨背誦。

多讀一些文學名著。文學名著是人類智慧的結晶。一般講來，文學名著無論是思想價值還是藝術價值都是極為豐富的。作為中國人一定要瞭解中國文化中的精髓部分，起碼要選讀《水滸傳》、《西遊記》、《三國演義》、《紅樓夢》等古典文學名著，選讀《子夜》、《駱駝祥子》、《家》、《小二黑結婚》等現代文學名著。

在外國文學名著中，像雨果的《巴黎聖母院》、司湯達的《紅與黑》、托爾斯泰的《安娜·卡列尼娜》以及巴爾扎克、海明威、高爾基、川端康成等大家的作品，都可以使人在美與醜、善與惡、光明與黑暗、戰爭與和平的對比中得到啟迪。當人們在閱讀《神曲》、《哈姆雷特》等作品時，不僅會觀賞到世界文化的無限風光，而且還能領悟到藝術大師們獨具的心靈魅力。

總而言之，男小盆友，你千萬別讓妹子們覺得你唯讀《盜墓筆記》；女小盆友也千萬別讓哥哥們覺得你唯讀穿越玄幻。記住，怎麼顯得文藝怎麼來！

森女、潮男、英倫範兒，裝神馬就是神馬

這一節也可以叫做「穿神馬用神馬會讓別人覺得你很文藝」。這是每一個學習裝腔的少男少女都要仔細閱讀的一章。

男生們，我要告訴你們一個事實：文藝潮男射殺的蘿莉千千萬。看看這幾位女神，讓 Kate Moss 姐情纏多年的是搖滾樂手，包括過往男友都是文藝男典範。脫衣舞娘 Dita von Teese 愛上的是搖滾明星，小天后艾薇兒曾嫁給的也是文藝潮男。女神張曼玉那前夫也異曲同工，就是一文藝片小導演。

文藝青年始終給人感覺還是有品味的，就連選擇護膚品，不帶點花樣和噱頭，斷不能受。全天然植物成分、有機產品是他們的首選，因為綠色環保，有棉布氣質。始終帶有先鋒氣質的科顏氏，它的男士產品一直經久不衰，哈雷機車、骷髏頭、白大褂，再加上本身就簡單又好用。香水中就更挑剔了，要絕對少數派，但又不能過於怪異，大體原則就是尋找那種大品牌中的限量版，小眾品牌中的普通版，追求的是講出來別人要愣 3 秒，但內心也希望碰到同道中人，有英雄惜英雄的快感。這幾個牌子也被這幫人玩得是風生水起，比如高田賢三、KENZO、VIKTOR&ROLF、Bowmen、Jean Paul Gaultier。

文藝青年當然要有自己的標誌性風格。無論是通殺型自閉症美少年型，還是張揚的小朋克型，基本都源於文藝老炮們的經典示範，如披頭士的鍋蓋頭、鮑勃·狄倫的小碎卷、科特·柯本蒼

白的臉、崔健的海魂衫和軍褲、伍迪・艾倫的黑框眼鏡，以及他們身上共有的那份神經質。

記住，眼神一定要渙散。像陳坤、林宥嘉這樣的眼睛是憂傷型文藝男的標配，而且一定要儘量不聚焦，也就是渙散，因為猜不透。據說有女生為了扮迷離，還專門用一種散瞳藥水，好恐怖……

女生為了保險起見，就選用森女風。所謂森女，就是崇尚簡單、打扮像是從森林中走出來的女孩。這樣的女孩喜歡民族風服飾，不盲目追求名牌，生活態度也很悠閒。這是日本最新崛起的族群，「森林系女孩」，簡稱「森女」。東京現在最流行的就是「森女」，就是 20 歲左右，活在當下享受幸福，不崇尚名牌，穿著有如走出森林的自然風格。以不做作、天真、自然的生活風格被大家認可。要是你還不懂，就去找幾本安妮寶貝的書看看，中間一再提到的「棉布、棉麻的白色襯衣」，就是這種風格的要素之一。

抹茶清新綠茶婊，反面教材請記牢

「綠茶婊」這個詞在網路走紅了一段時間了，還不知道是什麼意思的人，趕緊來掃盲。這絕對是一個貶義詞，指的是那些表面看起來清秀可人，內在則騷氣逼人的年輕女人。

綠茶婊是典型的裝腔失敗案例，網上有高人總結了長篇技術帖，教你如何鑑定「綠茶婊」。謝謝高明的網友，多項標準特徵讓綠茶婊無處藏身。各位正在努力學習裝腔的少男少女，一定要以此為戒。

　　一起來觀摩「綠茶婊」的典型特徵——

　　「皮膚一般比較白且看不到雀斑，而且一定會很 SB 的說『哎呀我怎麼這麼黑啊』，背地裡不知道抹了多少美白的東東，長相一般介於 3～5 分之間，不會太美的驚人，但是一般也不醜。多會打扮。

　　喜歡瞪大了眼睛，無辜地看著任何人（尤其是男人）。

　　如果你身邊有一個女生，每次看見你都會對你驚呼，你怎麼這麼美啊，你又瘦了，然後還會面帶遺憾地抱怨，我又胖了啊，綠茶婊無疑。

　　總是當著其他男生的面說追你的人可多了。小心，綠茶婊要現身了。

　　男生朋友特別多，女生朋友每隔一段時間就會更換一批。

　　翻她的微博豆瓣我說微信朋友圈，會發現她白天的動態都很正常，一到深夜，就開始發類似於我好難過啊，我做錯了什麼啊，我是不是很失敗啊之類的東西，恭喜你，綠茶婊。

　　如果有局，這個局的男性 ≧2 的時候，她一般都會留到最後。

　　你忽然發現，你男朋友或者曖昧對象不知道什麼時候微博豆瓣微信 QQ 都加了她好友，而且你完全不知道她們什麼時候有的

交集，而且互動的很頻繁。沒跑了，綠茶婊。

如果綠茶婊看見你和男朋友吵架了，她一般說的都是，唉，××這個人就是這樣的，你又不是不知道啊。對，全世界只有綠茶婊才知道你男朋友是什麼樣的人！

吃飯的時候總是吃兩口就拍拍肚皮說好飽啊，我怎麼這麼能吃啊。

綠茶婊的口頭禪類似於，我怎麼這麼笨啊，原來是這樣我怎麼沒想到啊，我是真的不懂啊。

如果有個女生和你真的也就那麼回事，但是她還是在你男朋友面前強調她和你是最好的朋友，一定要對你好對你負責云云，這就是綠茶婊最愛幹的事兒。

喜歡用你也看這個書啊、你也聽他的歌啊、我也愛死這個電影了做開場白。

喝酒的時候從來不會喝很多，但是醉的比誰都快。

她在爆出讓你心碎的話之後，絕逼以手捂嘴，說，我說話怎麼不經過大腦呢！

飯局上，一定坐在男性的旁邊。酒過三巡，一定有男人的手搭在她肩膀了，但是記住，她一定是一副歲月靜好的二逼樣子，彷彿這一切，都自然的要死。

她一定很會化妝，但是你身邊的男生都說她總是素顏。

絕對的喜歡裝純，喜歡在別人背後挑撥離間，說話喜歡裝肥皂劇女主角的語氣，在語言最後加「了啦」、「哎喲」、「真是的」的降聲調，綠茶婊無疑。

喜歡在別人面前炫耀自己的大方，自己家多有錢（特別是女中學生，喜歡拿自己的壓歲錢花，然後告訴別人這只是她爸媽給她的零用錢），當你仔細去研究的時候發現這一切都是假的，綠茶婊無疑。

喜歡挑起別人的傷心處，然後你生氣說她時，她就喜歡說又沒關係，我又不是故意的，我馬上刪掉啦之類的，然後又不付諸行動，表面和你好好的，背後卻在偷笑，絕對的綠茶婊。

特別喜歡在微信和微博瘋狂上傳自己的照片。晚上有派對總是會說沒衣服穿啊，自己穿的是去年的舊衣服，其實都是剛買的新禮服，還很矯情地說，『哎呀這個禮服很暴露，我很不習慣啊』。其實背地裡不知道在九色生活弄了多少情趣內衣哄老公開心。」

摘錄到此，渾身都是雞皮疙瘩。按經驗，我們每個人身邊應該都有這樣的綠茶婊，睜大眼睛淨化自己的交友圈啊！

文藝又洋氣，就來追美劇

微博上有很多吐槽國產腦殘神劇的帖子，要是不巧你正是這些神劇的粉絲，我只有很痛心地說，孩子，換換腦子吧。看那些邏輯混亂、情節拖遝的腦殘劇，真的會加重腦殘風險。要安全有益處，又能和眾多洋氣的朋友有共同話題，不妨追一追英美劇。

高智商的編劇、精良的拍攝，讓這些劇集不僅好看，也不會讓你被詬病「腦殘」。

「美劇」是對美國電視劇集的簡稱。二十世紀八〇年代，一部拍攝於 1970 年的《大西洋底來的人》成為國人窺視美國的視窗。《加里森敢死隊》更是思潮迸發的晴雨錶，影片中的有血有肉的英雄形象與國內生硬的、神一樣的革命烈士形象形成了鮮明對比。《成長的煩惱》更是以輕鬆幽默，記錄生活點滴的形式讓國人第一次知道了什麼是情景喜劇。

說起美劇，你有必要瞭解一些基本常識。

比如，美劇都按「季」播放。這是各大電視網播出新作品的季節，一般從 9 月中旬開始到次年 4 月下旬，時長約 30 週。每年秋季，美國電視網紛紛推出自己的新劇，或者延續之前已經獲得成功的經典劇集。這段時間天氣較冷，人們一般較少外出，電視的開機率和收視率自然大幅提升。通過這種每年固定的播出時段，我們可以在許多長壽的美劇中找尋美國社會變遷的軌跡。它緊湊的劇情，堪比電影，一點也不顯得拖遝，跟亞洲的電視劇比較，取材範圍、拍攝水準和投資都大大勝出。

現在是福利放送時間——精心挑選 99 部優良的美劇，你盡可以挑上幾部感興趣的追一追。從此之後，變身洋氣人士，跟更多國際友人有了共同話題。

	經典美劇	Top99
1	《老友記》又譯《六人行》	《Friends》類型：喜劇

2	《法律與秩序》	《Law&Order》類型：劇情／犯罪
3	《吉爾莫女孩》	《Gilmore Girls》類型：喜劇／倫理
4	《雪山鎮》	《Everwood》類型：劇情／家庭
5	《迷失》	《Lost》類型：劇情／冒險／後穿越／科幻
6	《太空堡壘卡拉狄加》	《Battlestar Galactica》類型：劇情／科幻
7	《犯罪現場》	《CSI》類型：劇情／犯罪
8	《黑道家族》	《The Sopranos》類型：劇情／黑幫
9	《24 小時》	《24Hours》類型：劇情／動作
10	《越獄》	《Prison Break》類型：劇情／動作
11	《絕望主婦》	《Desperate Housewives》類型：劇情／愛情／喜劇
12	《邪惡力量》	《Supernatural》類型：青春／奇幻／驚悚
13	《緊急救援》	《Saved》類型：動作／恐怖
14	《罪案終結》	《The Closer》類型：懸疑
15	《X 檔案》	《The X Files》類型：科幻
16	《美眉校探》	《Veronica Mars》類型：劇情／犯罪／懸念
17	《橘子郡男孩》	《THE O.C》類型：喜劇／愛情
18	《實習醫生格蕾》	《Grey's Anatomy》類型：愛情／青春／家庭
19	《核爆危機》又譯《小鎮危機》	《Jericho》類型：劇情
20	《羅馬》	《Rome》類型：劇情、動作／冒險／歷史

不文藝，你都不好意思打招呼

21	《The4400》	《The4400》類型：懸疑
22	《兄弟連》	《Band of Brothers》類型：軍旅／戰爭
23	《超能英雄》	《Heroes》類型：科幻
24	《慾望都市》	《Sex and the City》類型：愛情／劇情
25	《史蒂芬·金的王國醫院》	《Stephen King's Kingdom Hospital》 類型：恐怖／懸疑
26	《靈異妙探》	《Psych》類型：劇情
27	《西部風雲》	《Into the west》類型：西部／冒險
28	《超人前傳》	《Smallville》類型：劇情／科幻
29	《遠古入侵》	《Primeval》類型：戰爭／動作
30	《金牌律師》	《Justice》類型：驚悚／犯罪
31	《識骨尋蹤》	《Bones》類型：懸疑／犯罪
32	《人間蒸發》	《Vanished》類型：懸疑／驚悚
33	《六度空間》又名《命運鎖鏈》	《Six Degrees》類型：家庭／倫理
34	《犯罪心理》	《Criminal Minds》類型：犯罪／懸疑
35	《豪斯醫生》	《House.M.D.》類型：懸疑
36	《三年二班》	《The Class》類型：家庭／倫理
37	《嗜血判官》	《Dexter》類型：情感／懸疑／驚悚
38	《律政狂鯊》	《Shark》類型：懸疑／犯罪
39	《美國偶像》	《American idol》類型：真人秀
40	《靈媒緝凶》	《Medium》類型：劇情／犯罪／驚悚
41	《恐怖大師》	《Masters of Horror》類型：懸疑／驚悚
42	《天賜凱爾／神秘男孩》	《Kyle XY》類型：劇情／科幻
43	《籃球兄弟》	《One Tree Hill》類型：劇情／家庭

44	《星際之門：SG1》	《Star gate-SG1》類型：科幻
45	《星際之門：亞特蘭蒂斯》	《Stargate Atlantis》類型：科幻
46	《星際之門：宇宙》	《Stargate Universe》類型：科幻
47	《今日大喜》	《Big Day》類型：劇情
48	《表面之下》	《Surface》類型：劇情
49	《小鎮大事》	《Eureka》類型：科幻／劇情／懸疑
50	《流言》	《Dirt》類型：劇情
51	《危機四伏》	《Sleeper Cell》類型：劇情
52	《談判先鋒》	《Standoff》類型：劇情
53	《鬼語者》	《Ghost Whisperer》類型：神秘／劇情／靈異
54	《成長的煩惱》	《Growing Pains》類型：家庭／喜劇
55	《秘密行動組》	《The Unit》類型：劇情
56	《末世黑天使》	《Dark Angel》類型：動作
57	《捉鬼者巴菲》	《Buffy the Vampire Slayer》類型：恐怖／喜劇／動作
58	《偽裝者》	《The Pretender》類型：冒險／科幻／動作／懸疑
59	《以防萬一》	《In Case of Emergency》類型：喜劇
60	《醜女貝蒂》	《Ugly Betty》類型：劇情／喜劇
61	《海軍罪案調查處》	《NCIS》類型：劇情／犯罪
62	《神探阿蒙》	《Monk》類型：喜劇
63	《兄妹》	《Brothers and Sisters》類型：劇情

64	《綁架》	《Kidnapped》類型：劇情／動作／冒險／偵破／懸疑
65	《波士頓法律》	《Boston Legal》類型：劇情／喜劇
66	《秘密部隊》	《The Unit》類型：劇情／冒險／動作
67	《老爸老媽的浪漫史》	《How I Met Your Mother》類型：喜劇
68	《俏媽新上路》	《The New Adventures of Old CHRistine》類型：喜劇
69	《情歸何處》	《Men In Trees》類型：劇情
70	《愛你到死》	《Til Death》類型：喜劇
71	《加里森敢死隊》	《Garrison's Gorillas》類型：戰爭
72	《數字追凶》	《Numb3rs》類型：劇情／冒險／懸念
73	《百慕大三角》	《The Triangle》類型：懸疑／冒險
74	《偷天盜影》	《Heist》類型：劇情／動作
75	《星際旅行／星際迷航》	《Star Trek》類型：科幻／劇情／冒險／動作
76	《度日如年》	《Day Break》類型;劇情／動作／懸疑
77	《日落大道60號》	《Studio 60 on the Sunset Strip》類型：喜劇
78	《正南方》	《Due South》類型：動作／冒險／喜劇／情色
79	《家庭戰爭》	《The War at Home》類型：喜劇／家庭
80	《人人都愛雷蒙德》	《Everybody Loves Raymond》類型：劇情／喜劇
81	《白宮風雲》	《The West Wing》類型：劇情
82	《甜心俏佳人》	《Ally McBeal》類型：喜劇

83	《雙面女諜》	《Alias》類型：動作／反恐
84	《急診室的故事》	《ER》類型：劇情
85	《費莉希蒂》	《Felicity》類型：劇情／喜劇／校園
86	《母女情深》	《Gilmore Girls》類型：劇情／喜劇／愛情
87	《愚人善事》	《My Name Is Earl》類型：喜劇
88	《同志亦凡人》	《Queer as Folk》類型：劇情
89	《六尺之下》	《Six Feet Under》類型：劇情
90	《南方公園》	《South Park》類型：喜劇／動畫
91	《生活大爆炸》	《The Big Bang Theory》類型：喜劇
92	《別對我撒謊》	《Lie to me》類型：懸疑／心理／劇情
93	《未來閃影》	《Flash Forward》類型：科幻／動作
94	《霹靂遊俠》	《Knight Rider》類型：動作／劇情
95	《終結者外傳》	《Terminator：The Sarah Connor CHRonicles》類型：科幻
96	《吸血鬼日記》	《The Vampire Diaries》類型：愛情／科幻
97	《辦公室》	《The Office》類型：喜劇
98	《我為喜劇狂》	《30Rock》類型：喜劇
99	《好漢兩個半》	《Two and a half men》類型：情景／喜劇

你「單眼」了沒？

跟朋友一同出遊，你當然可以拿著 iPhone 一通狂拍照，並且聲稱：「構圖、顏色都不輸單眼。」但——高級裝腔者此時一定會拿出一台單眼（不管是入門級還是骨灰級），輕描淡寫地對你說：「在表現力上，最普通的單眼也甩出你好幾百里。」

在單眼相機已經成為文藝青年裝腔必備神器的時候，正在熱心學習裝腔的你，好意思不配備一個嗎？當然，高端單眼價格不菲，而且素來有「玩單眼窮三代」的說法。所以，你要謹記，你玩單眼只是為了裝裝聲勢，若非真的很有興趣，千萬不要沉迷在器材中不能自拔。一般的裝腔，入門級單眼就足夠了。這裡就給大家介紹幾款入門級單眼。

入門級單眼相機—佳能 EOS600D

佳能 EOS600D 作為入門級數位單眼相機中的高性能產品，擁有一枚 1800 萬有效圖元的 CMOS 感測器及 DIGIC4 處理器，搭配豐富的 EF 鏡頭群，可以獲得十分出色的畫質。還擁有一塊 3 英寸 104 萬圖元的可旋轉高清液晶顯示幕，顯示效果非常出色，並可以隨意角度拍攝美麗的風景。此外，佳能 EOS600D 與時俱進加入內置閃光燈無線引閃、多種長寬比選擇、5 種創意濾鏡等實用功能，讓你體驗拍攝的樂趣。

入門級單眼相機—尼康 D5100

尼康 D5100 作為一款入門級單眼數位相機，其整體表現十

分出眾，該機搭配的多角度開啟旋轉螢幕，讓 D5100 在入門單眼市場一舉成名。尼康 D5100 雖然是一款入門單眼，但是配置卻十分出眾，可拍攝 1080P 的全高清視頻影像、3 英寸 92 萬圖元翻轉式液晶屏、11 點自動對焦系統以及 EXPEED2 影像處理器等。

入門級單眼相機—索尼 α290

索尼 α290 作為一款入門級單眼數位相機，其搭載了一枚 1420 萬有效圖元的 CCD 感測器，並配備一塊高速 BIONZ 影像處理器，可自動實現高 ISO 降噪處理，使得畫質更加細膩逼真。這款入門級單眼相機 α290 升級後正式躍上 1400 萬高圖元平臺，高速影像處理器的應用也使其成像品質更加細膩逼真，定位在入門級有不少優勢。

入門級單眼相機—尼康 D3100

尼康 D3100 相對於 D3000 來說，在性能配置上要比 D3000 高出一個檔次。它的出現為尼康入門級產品線又增添一員生力軍，相對 D3000 來說雖然性能上提升不少，但其最大的變化是支持 1080P 短片拍攝及全時伺服自動對焦，讓你輕鬆體驗拍攝樂趣。此外，尼康 D3100 提供了許多針對入門級單眼消費者的功能，全新的按鍵加入和簡易引導拍攝模式，可讓你輕鬆拍攝出美豔圖片。

以上幾款都是最熱門的入門級單眼，既擁有單眼的高性能，又價格實惠。對於僅用來裝裝腔的你來說，絕對是高性價比之選。當然，如果你真的從此愛上了攝影，那也是一件美事。要知

道，攝影技能可是腔調高的必殺技啊！

最佳聊天開場白——你是什麼星座

　　迄今為止，最安全、最高效、最顯示親和力的搭訕話題就是——星座。我說的可不是聖鬥士星矢，而是妹子們最愛的十二星座。大家越來越相信，你是什麼星座，你就一定擁有這個星座的特質。甚至有不少公司開始在面試問卷上加上一題「你是什麼星座」，就更不用說交朋友、找對象了。

　　「你是什麼星座」像一個魔咒，你能解讀它，甚至駕馭這個話題，你就能成為主導者。而如果你不能表現出對這個話題的熱衷，你很可能立馬就被妹子劃到了黑名單。所以，想要打動對方，星座說一定要好好研讀。

◎白羊座

關鍵字：勇敢衝動

　　生於每年 3 月 21 日至 4 月 20 日。充滿活力而幹勁十足的活躍者，對新鮮的事物都很投入，並且勇於冒險，追求速度。熱情衝動、愛冒險、慷慨、天不怕地不怕，而且一旦下定決心，不到黃河心不死，排除萬難達到目的。

◎金牛座

關鍵字：踏實愛錢

生於每年 4 月 21 日至 5 月 20 日。出生在此時的金牛座人，不喜歡變動，安穩是他的生活態度。由於缺乏安全感，非常注重物質，尤其愛錢。金牛座男性有潛在的大男子主義傾向，在家中不會多發言，但對尊嚴非常重視；金牛座女性一方面講實際，一方面也喜愛打扮自己。

◎雙子座

關鍵字：多變多話

生於每年 5 月 21 日至 6 月 21 日，不但頭腦靈敏，且推理力優於他人甚多，他們是天生的傳播者。生性輕浮善變，並有雙重性格，但卻因為多才多藝且生氣蓬勃，而深受異性垂青。

◎巨蟹座

關鍵字：戀家情緒化

生於每年 6 月 22 日至 7 月 22 日。生性多愁善感，有憂鬱和做白日夢的傾向。重情愛家，珍惜愛情，並真誠待友。經常會在強悍的外表下隱藏著一顆柔弱的內心，他就像這星座的表徵——螃蟹，用硬如鐵甲的外殼將自己密密地武裝起來，保護起自己最柔弱醉人的部分。

◎獅子座

關鍵字：陽光火熱

生於每年 7 月 23 日至 8 月 22 日。類似火一樣充滿熱情，擁有一顆永不輸給任何人的火熱的心。找準目標就奮力前行，很有

領導力。在藝術方面也很有才華。

◎處女座

關鍵字：細節潔癖

生於每年 8 月 23 日至 9 月 22 日。十分看重枝微末節，常為了小地方的完美而忽略了大局。有一股來自精神的力量支撐其行動力，所以他們看起來總是忙得團團轉，但卻樂在其中。天生喜愛整潔並篤信精確，有時甚而會因此至於潔癖之地步。

◎天秤座

關鍵字：平衡優雅

生於每年 9 月 23 日至 10 月 23 日。品格正直，平易近人，蘊藏藝術上的靈感和才華。微不足道的事情就會感到驚慌不安，總是在尋找著內心的穩定與平衡。天秤座出生的人舉止言行十分注意分寸，最善於發現哪些人與你志趣相投。

◎天蠍座

關鍵字：神秘極端

生於每年 10 月 24 日至 11 月 22 日。天蠍對於朋友，重質不重量，高度要求知心。寧可孤獨，也不違心。對於愛情，寧缺毋濫。神秘，果斷，理性，消極，極端，多疑。典型的天蠍，並不擅長疏通改善人際關係，更不善於有效地表達澄清自己。

◎射手座

關鍵字：自由樂觀

生於每年 11 月 23 日至 12 月 21 日。為人慷慨、待人友善令射手座並不缺乏朋友，樂觀的天性、豐富的幽默感使得有他在的

地方必定充滿歡笑。但缺乏耐性、做事衝動及不知三思而後行。戀愛來的快去亦快；愛得多離更多，可是卻不會為分手而苦惱。

◎摩羯座

關鍵字：堅定領導者

生於每年 12 月 22 日至 1 月 19 日。有過人的耐力、意志堅定、有時間觀念、有責任感、重視權威和名聲，對領導統禦很有一套。和其他土象星座一樣，是屬於較內向、略帶憂鬱、孤獨、保守，也欠缺幽默感，常會裝出高高在上或是嚴厲的姿態以掩飾自己內在的脆弱。

◎水瓶座

關鍵字：變化難測

生於每年 1 月 20 日至 2 月 18 日。自己都經常不明白自己。崇尚自由，外表上呈現冷漠與熱情的交變型態。時而異想天開，幽默過人；時而又冷若冰霜，令人費解。

◎雙魚座

關鍵字：幻想溫柔

生於每年 2 月 19 日至 3 月 20 日。通常不歸於實際派，而被認為是夢想家。天真純樸、有犧牲自我精神，為受欺壓者打抱不平，喜歡純真的小孩和小動物，關心孤單的人，給他們溫暖和鼓勵。不過，雙魚座須小心勿讓人利用了他們的善良。

星座博大精深，以上都是最皮毛的訊息。但牢記這些，你就能基本應付日常對話，而且在遇到囧事時，也可以用來當做化解尷尬的藉口。比如跟妹子吃飯，結帳時發現沒帶錢包，你乾脆

說：「我是故意不帶的，金牛嘛，沒辦法。」幽默地用星座說來自我解嘲，一定能贏得妹子的好感！

高端洋氣 VS 原生態

各種大牌如黃袍加身，當然可以裝點你的高貴氣質，但職場新人們穿得過於高端洋氣，容易惹得老鳥們不高興——我們奮鬥了多久才能買得起這些大牌，你們剛一來就想坐在一起喝咖啡了嗎！

這個時候如果放棄大牌，轉而穿得土土慫慫，也會引起老鳥反感——現在的 HR 都是怎麼辦事的，招來這麼土的人，簡直拉低整個辦公室的時尚分數啊！

對，老鳥就是這麼矯情又難伺候。職場新人們該怎麼辦？有一個安全穩妥，但也能突顯你個人風格的辦法——試試轉走原生態民族路線。你可以選擇有濃厚民族特色的衣服，中式的或者波西米亞式的都可以。

性格沉穩一點的，就選中式民族服飾。鮮亮的配色，刺繡花紋，一雙精緻的手工布鞋就能讓你脫穎而出，並且對著老鳥們說：「我就是愛穿手工做的布鞋，量身定做的嘛，輕便又合腳，特別舒適。」老鳥們就會在心底對你另眼相看，覺得你有個人品味，又灑脫大氣。

而性格略張揚活潑的，就走走波西米亞風。什麼是波西米亞？原意指豪放的吉卜賽人和頹廢派的文化人。然而在現今的時裝界甚至整個時尚界中，波西米亞風格代表著一種前所未有的浪漫化、民俗化、自由化。濃烈的色彩、繁複的設計。

　　一說波西米亞，逃不了一條打滿粗褶細褶的長裙，它可以是純棉的、粗麻的、砂洗重磅真絲的，可以是鏤空設計的、綴滿波西米亞式繡花的、加上婀娜的荷葉邊的、垂垂吊吊滿是流蘇的，可以是佈滿無規則圖案的、用其他風格面料拼鑲的……如果還要披上外套，那最好是一件收腰收得恰到好處的長大衣，昂貴的羊絨當然是第一選擇，退而求其次，便是精紡亞麻，加一條粗獷而帥氣的腰帶，將硬朗與柔美完美地結合起來。

　　這樣的打扮一出場，你就能讓被各種華服包裹的老鳥們心生豔羨。想想看，他們的衣服筆挺繃直，完全沒有舒適感可言，而你自由輕鬆，有濃烈的新生氣息，當然讓他們格外嫉妒。這個時候他們會對你說：「還是要注意一下衣著，辦公室裡不要穿得太隨意。」你就立馬裝出一副受教的表情：「啊，原來這麼穿習慣了，謝謝您的提醒。」然後再以較為簡約的服裝打扮重新登場，老鳥們就會覺得你既能很出挑，也能很謙虛，實在是應該被招納到旗下的潛力新人！長得漂亮是優勢，裝得漂亮是本事。

CHAPETR

NINE

紅男綠女，
各有各的裝法

廁所分男女，所有的事情都分男女

既然大家都說「男人來自火星，女人來自金星」，本章我們就來說說，男女之間不一樣的裝法。你如果問我，「裝腔」還要分男女嗎？答案是——如果廁所分男女，所有的事情都分男女！

一個顯得超有生活品味的男人，要怎麼裝？

你一定要有男士香水的味道，品牌古龍水，最差也得 Adidas 運動香水，但是要強調，他們的香水大都是朋友送的，很少是自己買的。

每天洗頭洗澡，用沙宣洗髮水，並且是早上起床後洗，晚上洗澡那是老土的做法。早餐可以在家吃，早餐內容既不是果醬麵包，也不是包子稀飯，而是中西合璧的牛奶煎蛋（沒有平底鍋可以用炒鍋煎個荷包蛋），而且一定會從信箱裡拿出報紙邊吃邊看。除了談判以外，不穿成套的西裝，休閒的西裝下要配顏色不同的褲子。要點：襪子要好。

上班要打的，至少也要坐捷運，不能擠公車。因為只有先找到好的安身之地才能夠從容地看美女、扮酷和胡思亂想。吃飯娛樂後向服務人員要完發票後不能說回去報帳，要說，我每個月的消費額度，不用白不用。

女人則要注意這些細節——

早餐往往很簡單，一般是一杯果汁，一片火腿。化妝時間是用餐時間的 2~3 倍。經常翻閱時尚雜誌，比如《時尚》、《ELLE》

等紙張比內容精美的雜誌。不用國產的化妝品，但絕對產於亞洲，一般會告訴別人日本和韓國的粉比較適合東方人的膚色。談到 CD、Lancôme 什麼歐美品牌，可以理直氣壯地說：我用過，但是不適合我。

當然有一條男人女人都適用的裝法。進入職場的青年男女們，拋開媽媽的教條吧——冬天不要穿秋褲！

笑容就是她的武器

很多女孩受到某類愛情小說的影響，認為「冰美人」才是男人心目中的女神。我要告訴你，女神的評判標準跟性格真的無關，只與她的胸和臉有關。如果你「胸無大志」，又相貌平平，就一定要有一個讓大家喜歡的性格，而常帶笑容就是展露這種形象的最佳方法。

很多的調查都顯示無論是在社交還是在職場交往中，女人微笑的頻率遠高於男人。似乎微笑就是女人的專利。不過，經常微笑的女人本身似乎缺乏了一些權威感，因為微笑傳達出的是順從的信號。所以成為高管的女人就比一般女人也要笑得少。

但親愛的菜鳥們，你們離「高管」還有很長的路要走，現在需要學會的是微笑待人。你可以經常開懷大笑，伸張開嘴角。開懷笑有益身心，又能讓別人覺得你是一個不拘小節、率性的人。

如果你想打造淑女形象，就來個「笑不露齒」。微笑時雙唇緊閉且向後拉伸，形成一條弧線，完全看不見雙唇後的牙齒。或者低下頭，歪向一側，並且斜著眼睛向上望。這種微笑經常在少女的臉上看到，有些靦腆又有些俏皮，很能激發人們的保護慾望。

　　總之，一張微笑的臉絕對比一張苦瓜臉更能幫你適應職場。女孩子們完全可以以此為武器，讓自己成為職場上最有親和力的那一個。

相親時難結亦難

　　有個話題不得不說——相親。雖說你們還年輕，但是相信我的經驗吧，時間過得很快，如果你沒有在年輕時搞定自由戀愛，很快你就要面臨相親的結局。不相信？那你告訴我，為什麼「剩男剩女」會成為當前的熱詞呢？所以，通過相親找到結婚伴侶真的是一件難事，也可能是一件你以後必須面對的事。未雨綢繆，提前知道一些相親規則，對你有益無害。

　　第一次見面相親時的交談是非常重要的，你的每一句言辭，都在表露著你是一個怎樣的人，對方就是通過你的話語在給你打分的。第一次相親能否成功，關鍵看你怎樣與對方交談。相親總是帶有一定的目的性的，前來相親的男人很可能會成為你想選擇

的終生伴侶，所以想結婚的女人在相親的時候，一定要給對方留下美好的印象。

下面我們看一下一對男女相親時的對話：

「我喜歡吃，也喜歡烹飪，從中學時代就常常幫媽媽的忙，所以我對烹飪十分有信心。」「那很好！這麼一來，我可以經常品嘗美味了。當你先生的人一定很幸福。」

「我學過葡萄牙菜和中國菜，現在正在學習日本料理和下酒小菜。」

「很好啊！下回再來拜訪你，就讓你請客。我的嗜好也是吃。」

「歡迎！我特別下點工夫弄幾道菜，就像蠔油雞片、八寶鴨、鞭蓉魚片湯，不錯吧？」「哇！這是正式的宴會名菜，不是一流的餐館還做不出來呢！」

相親時的交談如果能夠如此進行，最後締結良緣的機會就相當高了。要使相親成功，就要努力展示自己的魅力，讓對方感覺你是一位有知識、有教養的人，例如，鋼琴彈得好、英語流利等。這些素養你不說，對方是發現不了的。但魅力必須配合對方的興趣來表達才正確，並且在宣傳自己的魅力時要乾淨俐落地表現出來。如說話風格可以活潑一點，讓對方覺得你是很容易相處的，跟你在一起，生活會很輕鬆、美滿。同時可以添加一些顯現自己優點和長處的話語。

相親時，畢竟是第一次見面，所以很多話不要說得太露骨，即使是在表現你的熱情，也需要很含蓄地說出來。太露骨地表現

自己，雖然可能是出於好意，但是可能會招致對方的反感，會覺得你很迫切，這樣就會對你的印象扣分，影響了你的魅力發揮。

另外，提醒女孩一下，相親的大忌就是進行「身價調查」。像薪水待遇、存款、不動產等私人財務狀況屬於個人隱私，不適合作為第一次見面的聊天話題，否則對方可能會想，你到底是想跟他交往，還是想跟他的財產交往。

撒嬌你會不會

女人跟孩子在某些方面有著共同的性情，比如撒嬌。一個有著幸福生活的孩子往往喜歡在寵愛他的父母面前撒嬌，而一個有著幸福感的女人，偶爾也會在自己深愛的男人面前撒嬌獻媚，以獲得更多的愛撫。撒嬌是一種本性，也是一種手段。但是如果使用不當，也可能適得其反。尤其對於進入職場的年輕女性來說，撒嬌也是有禁忌的。

上班還撒嬌的人，真是為你的智商捉急

跟男朋友撒嬌本來就是兩個人私底下的情趣，兩個人在私下裡的嬉笑怒罵，最好不要帶到公事場合。因為男友帶你去做一些公事方面的應酬，一定會遇到他的上司、同事、下屬或者生意上的發展夥伴。試想一下，如果你的男友正在和他的上司交談，你跑過去嗲聲嗲氣地說上一句，或者很黏人地給男友一粉拳，相信

他的臉色不會像在家時一樣好看，畢竟你的行為會讓他覺得很難堪，甚至會讓別人覺得他對大家的重視度不夠，從而影響到他在大家心目中的形象。

撒嬌別往槍口上撞

避開了公事場合，也不代表在兩個人的世界裡就可以隨便撒野。做事情的時候，不管對方是多麼親近的人，都要留心他的心情。如果對方心情不好，千萬不要貿然行事，把什麼事情都想當然。

在生活中，男人需要承擔家裡的重擔，他承受的思想壓力要比女人大得多，再加上工作上的瑣事，發展前景也未必時時都那麼順暢。如果你在他心情不好的時候對他撒嬌，他會認為你在無理取鬧，不懂得體貼，不懂得替他著想。這樣一來，你的不經意或者一時的任性，就可能引發一場你們兩個人的戰爭。

撒嬌本是一場情趣，但是一定要把握好時機，否則就會適得其反，讓你後悔莫及。

一定要見好即收

正所謂物極必反，撒嬌也是如此。選對合適的時機，也要把握好合適的分寸。也許最初的幾次，他還沒有表現出什麼，你的撒嬌也取得了自己想要的效果，但是，一直下去他會覺得你是得寸進尺，被嬌慣壞了，就會改變對你的態度。又或者，他會開始覺得你難伺候，難以相處，這樣，本來是一場好心的調解生活的情調，卻可能破壞掉了其中的詩意，成了失意。

撒嬌得當，事半功倍；撒嬌過度，副作用巨大。其實，所有

的裝腔也都得把握一個度，這個度，你就得在實戰中自己體會了。

只「感」而不「性」

很多年輕的男小盆友會對自己的女朋友提出性要求，這無可厚非。但是得提醒你一句，一定要雙方都願意，才能獲得完美的性愛。經常有小男生困惑，明明感覺她很想要，後來又拒絕，裝什麼裝！

其實，不一定是你的女朋友在裝。

很多時候，女生似乎發出了曖昧的信號，卻又拒絕進一步的接觸。這不僅僅是因為傳統的貞操觀念，而是她可能的確還沒有跟對方發生肉體關係的慾望。也就是說女人的親密接觸不代表性慾。

女人有時候比男人更愛身體接觸，她們喜歡這種接觸所帶來的心理上的安慰。這可能讓她想起幼年時父親的擁抱或者母親的愛撫，這樣的感覺讓她感到心安，由此更會產生心理上的親近感。所以，當女人親密地挽著男人的手，或是觸碰對方的身體，只能說明她對男人的心理距離已大大縮短。而男人的輕微碰觸沒有得到拒絕，說明在她的內心已經認可，但這些親密接觸依舊不代表性慾。

而女人在心理上接受了與男人的親密關係，就會渴望對方表現出一些親密行為，如牽手、攬肩、撫摸頭髮、依偎、擁抱等等。但她依然會很謹慎地把握身體接觸的分寸，並且她清楚自己想要什麼，她渴望的是一種可靠、安全和溫暖，這種感覺對於很多涉世未深的小女生來說比「性」更重要，也更能讓她滿足。

另外，女生也要認清一點，接吻也不一定表示雙方已經從內心裡真正地互相認可了。比如吻臉頰，或者在唇上蜻蜓點水似的碰觸一下，這些吻都是試探性的，並不代表雙方的關係有了很大的進展。所以，假如你總是糾結「為什麼他都親了我，後來還是不聯繫了呢？」那我就只能直白地告訴你，對方對你沒有那麼大的興趣，只是一時興起而已。

男人裝精明，女人裝呆萌

有些時候，男人和女人可以配合得天衣無縫，比如他要顯得精明過人，而她要顯得傻傻單純。這樣才能成為完美的一對。

男人普遍喜歡裝得強大威猛，這點不需要我過多說明吧。我不能理解的是，為什麼很多女孩不能接受這一點，非得表現出強勢的一面。

姑娘，別把自己活得像條漢子。誰都知道男人是喜歡征服女人的。所以，電腦的系統壞了，你讓他去修，並適時地說：「你

真行，我怎麼就不會呢？」

我曾經看見剛來公司的小女孩自己換桶裝水。天啊！那麼重的一桶水咻地一下被她扛起，穩穩地放在一米高的飲水機上。放完之後，她還輕鬆地對我一笑。可是姑娘，雖然我是很佩服你，但這樣一來，你喪失了多少跟男同事們搞好關係的機會啊。這個時候你就應該主動尋求幫助，讓一位異性同事幫忙，你要做的只是在他搬完水之後，真誠地說聲「謝謝」。

女孩子要表現自己的精明，在真正的工作裡就行了，生活中越笨越惹人愛。現在有很多女孩以自稱「女漢子」為榮。她們覺得真正有品味的男人，一定會透過她們外表的強悍看到她們柔弱的內心。可是工作那麼忙，如果你不是長得像全智賢，誰有那麼多精力和時間去研究你反骨背後的柔軟啊。

所以不明白為什麼總是沒有異性青睞的女漢子們，放過自己吧，對自己好一點。重活兒累活兒交給男人們去做，讓他們在職場受氣之外，也找到哪怕是一點點自信，哪怕是你求他們幫你換一下桶裝水呢。

坦誠是應該的，保留秘密也是必須的

曾有個女性朋友在訂婚前夕，坦誠告訴未婚夫往昔的情感經歷，結果換來的是一場無疾而終的婚姻；一對原本恩愛的夫妻，

只因妻子無意間邂逅了初戀男友，被丈夫知道後，從此，懷疑與不信任瓦解了濃情蜜意，生活充滿吵鬧與紛爭。

其實，每個人都有自己不同的人生經歷與境遇，所交往和接觸的人也都不一樣，因此，每個人都會有自己的隱私。有時候留點秘密給自己並非有意欺騙，也絕不是故意讓人背離坦率、忠誠的原則，只是要你說話前多思考，以免禍從口出，或破壞了一段不可多得的愛情或友誼。這也體現了男女間的一種相處藝術。

不少癡情女子因為愛對方而對對方的過去特別感興趣，她們總會挖空心思盤問對方的秘密。有人還會刻意去調查對方過去的豔史，甚至還會發動很多人為自己收集愛人的「劣跡」。這些傻女人總把好端端的愛情關係弄得複雜和緊張，結果多是不歡而散。

女人也許能原諒男人的過去，但很少有男人能原諒女人的過去。因為男人最怕聽到別人議論自己女友或妻子的過去，有時候即使被說的女人不是自己的女友或妻子，男人也會聯想。男人總會莫名其妙地擔心自己所愛的女人，是否也會因為其過去的事而被人議論。

留點秘密給自己，一個成熟的人應該有自己的秘密，百分百的坦誠等於魯莽無知。

當然，這絕不是鼓勵在男女之間存在「欺騙」行為，任其成為彼此關係的絆腳石，但當某些話或事必須保留才不會影響到彼此的感情和生活時，不妨留點秘密給自己。然而，所謂的「保留」應是出於善意的原則，而非故意做出了傷害彼此關係的行

為，否則，便是欺騙而非保留了。

假裝你真的在聽他的話

女人的話太多！這幾乎是所有男人的共識，原因是他們認為自己在女人面前往往難有說話的機會。而高談闊論又幾乎是大多數男人的愛好。所以，聰明的女孩子們，如果你希望你心儀的男生心儀你，不妨裝出一副認真聽他說的模樣。

不要以為這事很簡單，實際上，聽別人說話並不只是默不作聲或是滔滔不絕的回應。要想做一個出色的聆聽者，並不是一件很 Easy 的事，必須注意聆聽的「積極性」，聽人說話也要講究「品質」，只有這樣，才真正裝得到位。

如何裝出一副認真聆聽的模樣，做到以下幾條，你在他的眼裡就是一個「聽話」的乖寶兒。

首先，注意力集中是聆聽別人談話時要注意的。此時，最忌諱眼神的飄忽不定，當然，也不必緊張得手心出汗，拘謹得不知所措。千萬不要讓心思任意漂遊，天馬行空地胡思亂想。傾聽時表情要自然、放鬆，並隨著聽到的內容發生變化。沒有什麼比一個面無表情的聆聽者更讓說話的人感到掃興的了。

出色的聆聽者意味著心神集中和積極的配合。如果你想要贏得一個男人的心或者對他施加影響時，千萬不要在他需要一個聰

慧、機靈的聆聽者時，拿出裝傻、扮天真的本領表現出十分欣賞、崇拜他的那一套把戲。

此外再告訴你一個裝作聽他說話的好方法——提問。在聆聽時可以把握發問時機，偶爾也可以提出不同的看法。但是最簡單的一個問題就是：「真的嗎？」這是一個提問，但在男人看起來更是一個恭維。這個時候他會斬釘截鐵地告訴你——當然是真的了！然後 Blabala 再來一大堆。此時就算你神遊到外太空，他也會覺得你在認真地聽他講話。

如果你個人非常贊同他的說法，可適時地在他談話停頓的時候提出來，但不要滔滔不絕。要注意讓他掌握談話的主導權，這樣，就不至於造成單調的獨白，雙方的思想也能得到很好的溝通。

女生們，一旦你學會裝出一副正確的「聆聽者」模樣，不但能讓你與他的相處更融洽，用在別人或者同事的身上也是一樣有效的。畢竟，每個人天生就有表達的慾望，而這個世界最缺乏的就是認真聽你說的觀眾。

姐姐妹妹一起來，跟明星學性感

在男人們的眼裡，性感無疑是最撩人的風景。如何裝性感？剛走出象牙塔的小妹妹們，可別以為穿著暴露就是性感，那可是

大錯特錯。Sexy 是一種玄妙的韻味，她有時就藏在你的舉手投足間。

沒經驗？不會裝？別著急，所有的裝腔練習我們都從模仿開始。好萊塢的眾明星們，已經給了你們太好的範本。來看看這些性感迸發的驚豔鏡頭吧。

No.1

從游泳池裡鑽出，當一個女人渾身濕透，玲瓏的曲線無可救藥地暴露在男人面前時，即便身體發育尚未成熟，那股誘惑也是難以抵擋的。即便是海倫・亨特這樣姿色平常的女子，當她濕淋淋地出現在傑克・尼克爾森的門前時，也有一股難以抗拒的楚楚動人的魅力。也許正是這份性感打動了奧斯卡的男評委。

No.2

上身前傾，仰面前視，深邃的乳溝若隱若現：這種姿勢幾乎已經成了好萊塢的經典。從二十世紀三〇年代的瑪琳・黛德麗、六〇年代的夢露、八〇年代的斯通、九〇年代的安德森等性感明星，到不以姿色撩人的米迪・福斯特、海倫・亨特，甚至還未發育成熟的巴里摩爾都選擇這個赤裸裸的充滿誘惑的樣子。這個女人鍾情了幾十年的姿勢說明了什麼？不是女人太傻，而是這一招實在太靈驗了。

No.3

一襲長髮披散在光滑的肩頭：女人的長髮和肩膀各有迷人之處，但都沒有如此組合時更富有性感。年輕時的斯特里普正是依靠披肩金髮吸引了「獵鹿」男友羅伯特・德尼祿。也只有羅密・

施耐德舒捲的長髮和光潔的肩頭才配得上奧匈帝國王后的美麗形象。能夠抵抗這種長髮和肩膀組合的男人恐怕只有太監。

No.4

只穿著絲質吊肩裙在屋裡隨意徘徊：那種感覺就像一個美麗的小貝殼在陽光下的沙灘上晃來晃去，又像一條漂亮的鳳尾魚在清水中遊蕩。格維尼絲·帕爾特羅在《新電話謀殺案》裡穿著淡綠色絲質吊肩裙的場面特別性感，絲質的細膩柔滑和女人光潔無瑕的肌膚相映成趣。當年的王馨平也是穿著亮銀色的吊肩裙捧回了不少男性大獎。

No.5

恣性開合的嘴：嘴不論大小，但要有風韻。小到費雯麗那樣櫻唇一點，纖巧誘人，大到索菲亞·羅蘭那樣血盆大口，同樣性感。關鍵看這張嘴是否能在恰當的時候開或者合。

No.6

臀部擺動的樣子：臀部是男人很關注的部位，奇怪的是女人除了減肥卻並未在它上面下過更多工夫。《新娘不是我》的主角，是茱麗葉·羅伯茲，但最出風頭的卻是卡梅隆·迪亞茲。知道為什麼嗎？因為她的屁股，從片頭開始，她臀部扭動在機場接人，到片尾她轉身而去。她的臀部一直在畫面的中心位置，一扭一擺的效果把她身體的迷人之處盡顯無遺。

No.7

當她因為被擁抱和撫摸而感到羞怯時：女人的羞怯是男人興奮的助燃劑，面對男人的主動和熱情，女人的忸怩和靦腆實在有

著道不盡的風情。伊莎貝爾‧阿佳妮是所有女演員中最會運用羞怯打動觀眾的人，《孽迷宮》中的她總是一副柔不禁風、一吻丟魂的模樣，《羅丹的情人》裡她也時不時在瘋狂中加注羞怯不勝的韻味。她白皙面頰拂過的粉紅色暈和肢體傳達的半推半就的感覺，異常性感迷人。

會不會裝，看男人裝

《男人裝》估計算得上是廣大男士最青睞的時尚雜誌了。至於原因嘛，封面上那些讓人血脈賁張的大尺度裸露美女照功不可沒。不過大多數男人被美女美胸吸引了，而忽略了更重要的部分——你得學點時尚美學、懂點著裝之道啊。

絲毫不誇張地說，現在的女人們可能比男人更「好色」。跟著偶像劇成長起來的廣大女青年，看男人的標準完全是參照韓劇男主角來的。所以，在她們的法眼裡，身邊的草兒們簡直不堪入目。尤其是著裝——「讓人無法直視的沒品」——請容我原話引用公司小妹的話。

的確有太多男人不注重穿衣打扮，還把邋遢視為不羈。尤其是剛進入職場的男青年們，西褲配上運動鞋，簡直讓人噴血。美麗的前檯小妹是不會多看你一眼的，你必須知道下面的男人裝常識。

職場男士衣櫥三大經典元素——

第一元素：白色襯衫

再沒有什麼顏色比白色適應性更強了，最易搭配最有味道而成了第一元素。說它最易搭配，沒有人會有異議。說它最有味道，恐怕有人會心存疑慮，但是循著最簡單亦最經典的理論，即會發現這一安排的真諦。

第二元素：黑色西褲

黑白搭配永遠不累，黑色西褲如同白襯衫一樣扮演的是平實卻非常重要的角色。黑色西褲配什麼顏色的上裝都不會讓人覺得不和諧，相反它會使整個形象更加鮮明。而且黑色耐髒，不用擔心一不留神留下痕跡，在公共場合感到難堪。

第三元素：POLO 衫

一年四季，春、夏、秋、冬輪番登場，過了百花盛開的春天，就會迎來揮汗如雨的夏季，在鳴蟬的季節，POLO 衫成了王者，亦靜亦動，全在於你的形象和表現。只要將上班穿的 POLO 衫在款式或色彩上略加改變，就能成為一件不錯的休閒裝，而如果你一向灑脫，那麼它幾乎就是全能的選項。天氣轉涼，需要它扮演休閒陪襯的時候，它都能在外衣內發揮自如。

一個得體的職場男人衣櫥，當然不會像女生的那樣絢爛。其實在著裝上，我個人覺得女生們網購多件便宜漂亮的衣服完全沒問題。但男生就不一樣了。想想看，一個每天都換花哨新衣的男生，但是你一眼就看得出來他穿的是「淘寶爆款」，哪裡還有品質感可言。

我的建議是，男人的衣裝不必花哨求多，但一定要注重品牌和質感。寧願多花錢在一件衣服上，也不要便宜貨一堆。對於只看《男人裝》裡的女人的男人，這裡有一些衣裝品牌速成課——

傑尼亞的西裝

傑尼亞有一定知識成功商人的象徵。在國際上它主要定位在金融界。但實際上，在中國的傑尼亞產品，和義大利本土的傑尼亞並不完全相同。在歐洲的傑尼亞專賣店，襯衫的花色豐富，格紋圖案、包的造型都比較誇張。但在中國就含蓄多了，在中國的格子多不超過一釐米見方，藍、白成為主打色。而傑尼亞在中國的成功也正是由於它充分考慮了中國新興的中產階層的特點：本身的表現慾比較含蓄。

BOSS 的衣衫

BOSS 的時裝多給人一種另類和前衛的印象。目前選擇BOSS 的人多為廣告業、設計人員、演藝、經紀人和一些追求前衛的男人。它的許多搭配比較傾向於年輕化，如黑色的西裝配襯紅色的毛衣，奪目但又不張揚。

范思哲

時尚圈中人士選擇最普遍的品牌，范思哲的許多衣服有著特殊的美感，不過必須有好的體形才能撐得起來。豐富多彩、花哨的前銳設計，張揚的表現慾，讓男人在表現骨感的同時，性感指數直線上升，男人的魅力顯露無遺。

初入職場的男人們，至少準備幾套以上品牌的衣裝出席某些正式場合。「人靠衣裝馬靠鞍」的俗話可不是白說的。

男人裝的實戰配搭

上一節籠統地說了一下男人裝，這裡要根據不同的場合給初入職場的菜鳥們一些著裝忠告。你要知道，你的衣著永遠比你的名片更早讓人對你形成印象。不求驚豔全場，也不能出錯露怯。

一般來說，職場男士有這樣三類著裝風格。

Style 1：威嚴正統

現在，男人願意在上班服上大量投資，但是他們花得很明智。威嚴的衣著已打破舊有的界限，並非一定是董事會的主席才可以打扮得有權貴感。剪裁精美的老牌西裝，黑灰色調、細條子或非常淺的格子都頗有大家之風，能給人高大穩健的印象。

西裝背心對行政人員來說永遠是不可或缺的。社會越發展、越進步，對成功男士的服裝要求也就越高。剪裁得體的設計、硬朗的輪廓和八〇年代懷舊款式，均為男人上班服提供無窮靈感。

襯衫可以是白色、藍色或鮮明的條子。領帶和背帶也是成功之士必備的配飾，盡可以用得大膽一些。在西裝襟袋裡加一條絲質方巾，再配一款象徵身分和地位的手錶，讓你看起來文明而優雅。行萬里路，要靠一雙腳，應該把預算的大部分花在漂亮的鞋子上，而且隨時注意腳上的鞋是否有瑕疵。襪子的顏色只可以是黑色、海軍藍或炭灰色。

Style 2：休閒風潮

日益興起龐大的廣告經理、美術設計、藝術總監或形象設計

師的職業群體帶動新款上班服。在這些職業領域競爭激烈，衣著是事業成功的要素之一。以獨特的品味搭配來宣揚其個性，注重顏色和面料，牛仔褲配運動型夾克，闊腳褲配趣味恤衫，都是日趨流行並被認為是可以接受的新款上班服。

Style 3：舒適實用

並不是所有的男人除了雙休外都去辦公室上班。今天有許多行業的工作地點十分不固定，攝影師、藝術家、商業顧問、建築師、美術設計師及其他自由職業者，都打破了傳統的上班。而且還有一些更加自由的在家上班的人，他們通過電腦科技與商業社會取得聯絡，用電話洽談業務。適用於家居辦公室的衣著，最重要的是舒適，過去在週末才穿的那類服裝如今上班穿也無傷大雅。

上班服可以針織品為主，甚至可包括運動裝。一般情況下，以舒適實用為原則的上班服往往包括卡其褲、運動衫褲、T恤和牛仔褲。有意思的是，即使在家居辦公室有些人喜歡穿得正正式式工作。只有從衣著上正式嚴格起來，才能使自己進入工作狀態，提高工作效率。

剛入職場的小男生們，不妨按圖索驥，為自己搭配一身合體的著裝。想要展現穩重一面，或是顯露朝氣一面，都由你自己決定，而第一步就是為自己搭配一套這種風格的服裝。

美麗是要不斷經營的

我有個離婚的女性朋友，她跟我聊天時說：「剛結婚那陣，我為了讓先生知道他愛的女人有多漂亮，每天都要換著花樣打扮自己，但是，不久他好像有點厭煩了，總是有意無意地說什麼娶老婆不是要個花瓶，當男人太累了，需要一個賢內助什麼的。於是，慢慢地我學會了做飯菜，為了讓他在事業上更好地發展，我擔起了全部的家務。也許在這個過程中，作為一個女人，我忽略了打扮自己，經常讓他看到一個蓬頭垢面的糟糠妻。」

然後極品的事情就發生了。

「我每天既要忙工作，又要照顧他的飲食起居，我哪有時間去美容、化妝呀。我放棄了一切和朋友聚會和出去娛樂的機會，後來，時間長了，我覺得自己改變很多，犧牲了很多，挺不值的，他卻挑我的毛病，說我太庸俗、沒思想、沒個性、不思進取。再後來的事情你都知道了。」

後來的事情就是，我朋友的老公找了一個年輕貌美的濃妝小三。這個故事太老套狗血，但實際上卻是最常見的日常生活劇。我就眼見我周圍的一些女同事，在戀愛的時候打扮得漂漂亮亮的，一結婚就變得不講究。原因大都是家務太多太忙顧不過來。

就算再累，晚上花 15 分鐘做個面膜，早上花半個小時化個淡妝總可以吧。就算再為家庭節省，每個季節總得買兩身合體的衣服吧。所以這些都是藉口，關鍵是你得在內心明白——美麗一

定是個終身的事業。

　　雖然這本書是寫給初入職場的年輕男女，但我還是得嘮叨一句，女孩子們一定要記住，這世界上，沒有拆不散的婚姻，只有不努力的小三。既然小三們都在時時刻刻提高自身業務素質，你們自己就一定要防微杜漸。所有的正牌女朋友、正牌老婆們，一定得行動起來捍衛自己的美麗。

拉著老公演戲，解除婆媳隱患

　　在男友面前裝腔，把男友升級為老公之後，你面對的最大問題就是——婆媳關係。婆媳關係的好壞對家庭生活有著重大的影響，它直接關係到整個家庭的穩定。在家庭中，婆婆和媳婦對丈夫來說，都是非常重要的人物，缺一不可。你不可能用「魚和熊掌不可兼得」來要求丈夫去做出選擇。

　　婆媳關係問題是一個既古老而又複雜的問題，婆媳關係是家庭中最難處理的關係，婆媳矛盾則是一個令清官也為之發愁的難題。婆媳之間，既無血緣的紐帶，又無感情的保障，在相近的家務中摩擦較多，一旦出現隔閡，產生矛盾，往往呈現出激化的趨勢。

　　婆婆很容易把媳婦看成「編外人員」，而心生隔膜，所以為了使婆婆早日接納你，你必須要「更高、更快、更強」地灌輸給

婆婆一些「迷魂湯」，全方位地使她感受到你甚至比她親兒子還要向著她。遇到一些明明是婆婆做得不好的事情時，你盡可以大度一下，低下你高昂的頭顱，表現出你已經服輸，等到婆婆心氣順了，想必她也不會真的和你沒完沒了。這是婆媳相處的重要一招，百試不爽！

但凡婆媳關係處理得好的女人，都是裝腔界集大成者。她們不僅自己會裝，還會拉著老公一起裝。婆婆不在身邊時，可以對老公作威作福，一旦到了婆婆跟前，就變成了逆來順受的受氣小媳婦兒，表現出對丈夫的無限疼愛與照顧。讓婆婆的心理得到滿足，讓她覺得寶貝兒子終於找到了不用花錢的保姆。

現在大多數人不會和公婆一起住，所以每年也就只需要幾天來演出好戲。這幾天一定要忍，老公說東絕對不向西。就算內心旁白把懶惰的他罵成白癡廢物，臉上也要洋溢著關愛，為他做牛做馬。終有一天，婆婆會對你說：「你不要把他寵壞了，讓他自己動動手吧！」這個時候你再暗自竊喜，婆媳隱患終於無障礙解除！

火眼金睛看透偽裝，警惕七大惡習

男男女女都在裝！這是不爭的事實。但遺憾的是，通常情況下，女人總是屬於弱勢的一方。再要強的女人，遇到感情都變得不清醒，心甘情願沉溺其中。我有個閨蜜，她的男友極其摳門。

我們一眾朋友都很瞧不上的男人，卻好像是她怎麼也離不開的 The one。她投入越來越多，從感情到金錢，更有寶貴的青春時光，而人渣男卻在遇到富婆小三後輕描淡寫地就與她分手了。

朋友們特地為她辦個「分手快樂會」，她喝得酩酊大醉，哭著說：「其實早就知道他特別重視物質重視錢，可沒想到真的到這種地步。」我把「早就告訴過你」使勁兒卡在喉嚨裡，那些奉勸我閨蜜的話，現在也提前提醒懵懂的女孩子們：男人都是偽裝高手，但總還是有些細節透露他的本質。年輕的女孩子們，你們不僅要自己學會裝，也要能識破對方的惡意偽裝，發現以下惡習一定要斬立決。

劈腿

劈腿過一次，就一定會有第二次。一個花心的男人，絕不會甘心為一棵樹而放棄整片森林，所以，別指望他會在和你結婚之後修身養性，從此只對你一個人專情。一個花心慣了的男人，總是會情不自禁地被不同的女人吸引。想時時刻刻警惕，年年歲歲提防，你就試試看。

暴力

如果他打你，必須立馬分手。他可能在第一次打了你之後很愧疚，求你原諒，但和劈腿一樣，內心有暴力情結的人絕對會再犯。不要幻想你可以用自己的愛感化他，當打人變成一種習慣之後，他根本不可能改變自己的這種習慣。

負能量爆棚

這類男人說話假仁假義，外人看去並不覺得他有多大不妥，

其實質上為人殘忍，不寬容，為達目的，可以使用卑劣手段而不以為恥。與這類人共同生活，會感到生活陰森可怕，危機四伏，心中蒙上陰影，終生無法抹去。

過於自負

狂妄自大的男人總是傲氣十足、盛氣凌人。這類男人雖然看似優秀，骨子裡卻是一個不負責任的人。在現實生活中，他們往往高不成低不就，做不出任何成績，訴說自己如何懷才不遇，如何壯志難酬。你若嫁給他之後，除了天天要聽他發牢騷之外，還得一個人獨自擔起養家的責任。

酗酒賭博

這類男人自制力甚差，缺乏理智，容易被他人或環境擺佈。往往還會易怒，好勝，愛用強制手段支配他人。做這類人的太太，往往不但感受不到愛，而且還會受辱，令人難過。

佔有慾太強

當一個男人對你說他因為太愛你所以不能忍受你和其他的男人說話的時候，千萬不要被他的深情打動。如果你要嫁給這樣的男人，就等於親手把自己送進一座無形的監牢，你的一舉一動他都要過問。

志大才疏

自命不凡，好高騖遠，而又沒有實際才幹。喜歡誇誇其談，自我炫耀，有了一點成績就沾沾自喜，到處胡吹。本質上缺乏穩重的氣質，顯得虛浮縹緲，使人對他缺乏信任感。這類男人終生不會有多大出息。

CHAPETR
TEN

讓裝腔小硬體轉起來

墨鏡──氣場、神秘都靠它

看看你的裝飾配件中，如果還沒有一副墨鏡，就趕緊為它做預算吧。尤其對一些男生來說，一副墨鏡可是你身上為數不多的配飾，往往就能起到點睛的作用。

我們說墨鏡可以提升一個人的氣場，不相信？看看萬眾矚目的明星們，哪一個不是墨鏡加身。墨鏡加口罩幾乎已經成為明星行走在公眾場合的標準像。其實，防止被人認出是其次的，用墨鏡突顯神秘感和強大氣場，才是裝腔界元老的眾多明星內心真實的想法。而且，還有人一年四季都戴墨鏡，比如文藝人士倍加推崇的導演王家衛，你看不到他的眼神，墨鏡後的他顯得更加深邃、更加神秘。

用墨鏡凹造型，已經有很久遠的歷史了。早在二十世紀初，專供駕駛用的風鏡便成為富有和時髦的象徵了。墨鏡的流行趨勢並不像服裝一樣變幻無常，經典的墨鏡造型從二十世紀五〇年代至今仍然被大量時尚人士追捧，尤其現在，經典墨鏡款式的回潮尤為明顯，各大品牌也紛紛加入了這場複刻的浪潮，最為突出的是飛行員眼鏡和二十世紀八〇年代黑膠鏡框的流行。演員湯姆‧克魯斯在 1986 年的《捍衛戰士》（Top Gun）中戴了雷朋鏡，讓它風靡至今。

墨鏡是整個面部的焦點，有力勾勒出臉型輪廓，就如一條粗腰帶突顯裙裝的小蠻腰。所以，一副合宜的墨鏡有如合宜的鞋子

與包包，為最好的時尚宣言。你所選擇的墨鏡，最好要適合你的臉型。

橢圓臉型：配正方形，或較小的正長方形鏡框墨鏡。此臉型最討好，適合任何一種鏡框。

圓臉型：配鏡片較大的墨鏡，以長方形鏡框最佳，勾勒出輪廓。

四方臉型：配圓形或橢圓形鏡框，夠寬夠輕。

現在最流行的時髦墨鏡款式有這些——

超大鏡片的塑膠鏡框。鏡片最好大到遮住半張臉或整張臉龐。鏡片夠大，才能有效擋陽，以防紫外線的輻射。糖果色塑膠超大鏡框墨鏡最具明星款，又超好玩！塑膠鏡框提供更大的設計空間，看 D&G 玩鏡框顏色、玩水晶商標、也玩玳瑁圖紋，很考戴者的勇氣。

設計師墨鏡的設計重點在鏡腳，塑膠材質讓鏡腳設計更好玩，比如：玳瑁花紋、幾何圖案、黑白線條等。金屬鏡腳愛飾以人造水晶與商標設計搶風頭。淺色鏡片比什麼都看不見的黑色鏡片來得討好，更添戴者的神秘感。

大號深色墨鏡基本上是明星出門必配配件。首先因為其大，戴在臉上，臉小的幾乎能遮住整張臉，臉大的也能遮個 1/2 到 1/3。另外選擇深色眼鏡的好處是因為佩戴這樣的眼鏡，別人看不到自己的眼神，而自己可以在眼鏡的遮蔽下觀察四周。

陽光燦爛的日子，戴上墨鏡和強大氣場出發。最後還有一點補充，女孩子們自拍戴上墨鏡，成功率高達 99%，因為你再也

不用擔心怪表情或者臉上正在長痘痘，一副墨鏡幫你完美解決自拍問題！

哥抽的不是煙，是寂寞

抽煙有害健康！

本節一定得把這句公益廣告詞寫在前面，我得告誡各位職場新人，只能把抽煙作為一種社交和裝腔的手段，千萬別讓自己沉迷進去成為一個真正的煙民。

我有很多同事都抽煙，其中很大一部分告訴我，他們是進入職場之後才開始抽煙的。因為老鳥們中間煙民很多，跟他們在一起如果不抽煙，顯得格格不入。也有因為工作壓力越來越大，抽煙真的能給他們帶來刺激，讓大腦興奮。所以，煙民越來越多，煙癮越來越大。

我再強調一句，我無論如何不贊成大家以此為樂。但必要的時候，可以用抽煙來裝點一下身分，與老鳥套近乎，也用煙的品牌彰顯一下自己的品味與身分。這裡推薦你購買以下幾種國際知名品牌的香煙，你只需要購買一盒放在身上，必要時拿出來顯擺一下即可。

萬寶路

萬寶路（Marlboro）的品牌名稱起源於英國，最後在美國獨

立註冊，由美國菲力浦·莫里斯公司製造，是世界上最暢銷的香煙品牌之一。在全球消費者心目當中，萬寶路無疑是知名度最高和最具魅力的國際品牌之一。從銷售而言，全球平均每分鐘消費的萬寶路香煙就達 100 萬支之多！

555（俗稱三五）

英美煙草集團通過在全球各地建立新的子公司，以及合併和收購的方式而不斷成長。近年，英美煙草重整其煙草核心業務。英美煙草和世界上第四大煙草公司——樂富門國際煙草公司宣佈合併，555 就是他們的作品。

日本七星

七星牌香煙是日本國際煙草株式會社的「扛鼎之作」。七星牌香煙「7」這個阿拉伯數字，在日本人的文化生活中是一個吉祥的數字，民間把每年 1 月 7 日專稱謂 7 日正月，並在家裡佈置七福神等吉祥裝飾物禱敬諸神以祈福祉。用「七星」作標名，可否理解為七福之星即是生活平安幸福的象徵。

大衛杜夫

大衛杜夫（Davidoff）是瑞士的產品品牌之一，以高級煙草產品見稱，包括雪茄、香煙及煙斗、煙草。

駱駝牌

煙草品質上乘。「駱駝」香煙曾在二戰期間紅極一時，問世至今已有八十餘年歷史了，它是世界名牌香煙中的常青樹。

當你的包裡有以上品牌的香煙時，你可以在某個社交場合假裝不經意地拿出來，然後對方就會問你：「啊，你抽萬寶路啊？」

這時，你可以假裝浮上一絲苦笑，說：「哎，煙癮越來越大，現在也只有它讓我覺得還有刺激感。不過，還真是得考慮戒煙了。」一段話，表明你是個對煙草很懂的老手，也為應對別人質疑你不經常抽煙而埋下伏筆。

可以不抽煙，但 Zippo 手中拿

再次申明，吸煙有害健康。你可以不抽煙，但絕對沒有人阻止你把玩一個精緻的 Zippo。型男+Zippo，簡直就是世紀絕配。

Zippo 是全球著名的打火機品牌，自二十世紀三〇年代以來，Zippo 已經推出了數百種富有收藏價值的樣式。它除了實用性和防風的妙處外，每款都是一件藝術品，具有收藏價值。Zippo 打火機最初設計時就考慮到——它可以適應任何惡劣的天氣。Zippo 燃燒的方式就像是一盞油燈，這也是為什麼 Zippo 具有如此強的防水和抗風的能力的原因。

二戰期間，戰時 Zippo 幾乎全部供應給美軍，可以點燃煙霧彈；在沼澤或叢林裡點篝火；用鋼盔煮湯；還有在野外求生時點火發信號。有些 Zippo 甚至擋住了致命的槍彈而拯救了許多生命。

戰爭年代，Zippo 簡直不可或缺。到了和平年代，Zippo 也是腔調高、逼格高的高端利器啊！當然了，山寨貨橫行的國度

裡，總是會有屌絲拿著贗品招搖過市。這個時候，為了顯示你的腔調，一定要火眼金睛辨別真假。

真 Zippo 在沒有裝油打火時第一次會感到發澀，那是因為火石是新的原因，而且火石摩擦打出來的不是小小的火星，而是簇的一團火，這也是 Zippo 之所以說是一打即著的原因之一，加油後打火基本是一打就著，而且火苗也是很穩定的。真 Zippo 打火輪切割火石的一面，有上下兩層條紋，上層的條紋是從右上斜向左下的斜線，下層的條紋是從左上斜向右下的斜線，兩條線相交就在打火輪的正面形成了一個一個的小菱形塊。打火輪右側面有從中心向周圍的放射狀的並且間距比較均勻的細條紋。條紋分兩種：一種是一條一條單獨放射狀的，另一種是兩條並排放射狀的。兩條並排放射線的又分兩種：一種是兩條線排得非常近的，有的時候不仔細觀察會以為是一條線，另一種是兩條線間隔有一定距離又不太遠的（這是現階段的 Zippo 的打火輪，以前還有直紋和斜紋的，在這裡就不討論了），一般假機也有這種小細線，不過這些小細線刻的很不正規，粗細不一，沒有真機那麼規則。

以後再遇到膽敢招搖撞騙的假冒 Zippo 持有者，你就給對方一個意味深長的眼神，輕輕說一句，「我也只用 Zippo，好奇怪，為什麼你這個的花紋這麼奇怪，是最新的複刻版嗎？」

精緻袖扣，點綴瀟灑雅痞風

女人可以用各種首飾襯托出風情氣質，但飾品這個東西，男人用起來簡直是如履薄冰。什麼飾品都沒有的男人，顯得粗糙不堪；全身上下叮叮噹當的男人，不是來自越南的洗剪吹組合，就是城鄉接合部的頹廢青年。

初入職場的小青年們，一定要慎重選擇飾品，而我推薦最保險的飾品就是小小的袖扣。袖扣是用在專門的袖扣襯衫上，代替袖口扣子部分的，它的大小和普通的扣子相差無幾，卻因為精美的材質和造型，更多的造型款式和個性化需求的定製，很好地起到裝飾的作用。除了戒指之外，袖扣就是面積最小的裝飾了。因為其材質多選用貴重金屬，有的還要鑲嵌鑽石、寶石等，所以從誕生起就被戴上了貴族的光環，袖扣也因此成為人們衡量男人品味的不二單品，而挑選、搭配、使用統統都是男人的一門學問。

袖扣材質一般選擇貴重的金、銀、水晶、鑽石、寶石等，因此價格不菲，一般在千元到上萬元。通常情況下頂級品牌 GUCCI、Ver-sace、LV、Cartier、Tiffany、Ste-fano ricci、登喜路、萬寶龍、BOSS、Dolce & Gabbana 等。這些大牌在推出新一季男裝的同時，也會推出新款袖扣，有的還會推出本季限量版袖扣。因為精緻的做工和貴重的材質，如首飾一般的袖扣在被使用的同時，也在被小心翼翼地收藏。

袖扣顏色的搭配也很關鍵，一般有一個規律：水晶玻璃袖扣

因其透明，最好搭配白色襯衫；而紅色襯衫搭配金色袖扣，有華麗和時髦的感覺；黑、白、灰襯衫搭配銀色袖扣，則有沉穩、高貴的效果。如果是西裝，那麼袖扣的款式儘量以冷色為主。因為西裝一般為商業服裝。而在休閒時，色彩可以搭配得鮮亮一些。此外，不同的天氣，對於袖扣色彩的襯映會有所不同。這個時候，就要注意到人的整體著裝色彩。比如，天氣陰沉，就要在自己的袖口上佩戴一些較鮮色彩的袖扣。這樣能夠帶動自己周邊人的情緒，能夠緩解工作與生活中的緊張心情。

以為本節跟你沒有什麼關係的女人們，簡直大錯特錯。我至少為你指出了一個節日禮物方向。假如你剛好尋覓到一個高富帥的目標人物，袖扣簡直就是最佳禮物選擇。當一眾狂蜂浪蝶以巧克力、團購電影票相贈時，你送上一對精緻的袖扣，再對對方說一句：「我選的這個不會太莊重，我覺得你還是適合雅痞風。」這一刻，你肯定秒殺一切庸脂俗粉！

四眼如何釋放小宇宙

首先還是得腔調一下，眼鏡這東東能不戴就不戴，但為了健康考慮，隱形眼鏡要少戴。戴眼鏡的主要目的是讓眼睛看得清楚。

另外，沒有唯一標準，只有普遍原理。眼鏡合不合適，還要

靠自己一副一副地試戴。總而言之，在沒有見到你的真人真相，大致瞭解你的性格和風格之前，是很難斷定你到底適合哪一種。這裡只告訴你一些基礎常識。

方形眼鏡

方形眼鏡有別於傳統的圓形或橢圓形眼鏡，有拗造型的功能，但是容易顯得面部線條硬朗甚至怪異，臉形偏鵝蛋或額頭偏高的人在這方面應該比較有優勢，眼鏡有地方擺放嘛。另外，方形歸方形，方形也分很多種。選擇一些上大下窄、邊緣逐漸收攏的梯形眼鏡框，比單純上下一樣大小的方形眼鏡框要好看一些。上大下窄的梯形眼鏡框順著兩側臉形收攏，看上去沒有那麼碩大突兀，比較貼合臉型。相信很多人戴眼鏡是為了日常需要，所以還是選擇比較保險的梯形款式，拗造型的話可以大膽選擇誇張一點的。

在髮型上，由於眼鏡已經遮住了相當一部分臉龐，所以頭髮最好挽起來或向兩側撥開，露出乾淨的額頭，髮質要保持柔順有光澤，捲髮要保持豐盈彈性不乾枯。不要擔心把頭髮挽起來會像老處女，一個有氣質的老處女總比一個看上去五官模糊面容邋遢的眼鏡女好得多。頭髮紮起來的時候，可以把頭頂弄蓬鬆一點，或者髮尾蓬鬆點，用專業一點的形容詞來說就是有空氣感，這樣可以減少老處女扮相的發生概率。

圓形眼鏡

圓形眼鏡看上去會有比較學生味，比較可愛的感覺。所以如果在工作上需要比較莊重或經常出入正式場合的人，慎選圓形眼

鏡。圓形眼鏡在形狀上區別就不是很明顯了，怎麼拗也就是個圓嘛。那麼在其他細節上就需要注意挑選，一般不建議選擇那些邊框比較粗寬的，戴得好是蠻出彩的，關鍵是你有沒有 loly 的氣質，戴不好的話就顯得傻和愣，所以還是保險一點，挑框架細一點的吧。

另外就是眼鏡材質要好，最好不要選金屬鏡框，容易像老處女。板材的話，建議選擇有一些光澤度的材質，就是看上去潤澤有光的；啞光的話，噴漆的最好別選，戴著戴著漆掉了，斑斑駁駁的。裝飾少一點，水鑽不要，明顯的花紋不要，羅馬柱造型的眼鏡腿最好也不要，線條簡潔，裝飾適當，loly 和非主流當然也會有氣場，但是很多時候，它沒有。

上方下圓形

上方下圓形的眼鏡很少有人戴得好看，大多是傻乎乎的，或者很突兀。希望沒有一棒子打翻一船人。我覺得原因有二：一是眼鏡框比較大，上面的鏡框邊與眉毛平行，下面的鏡框邊活像兩個巨大眼袋，說實在的如果沒有上佳的氣質，是不容易戴得好看的。二是下面的鏡框是圓的，容易壓著顴骨，特別是顴骨比較高的人，可能會覺得很不舒服，人一不舒服，表情和氣色就顯得怪怪的，常常擠眉弄眼皺鼻子。

細腿眼鏡

想要顯得比較斯文，可以選擇細腿眼鏡，纖細精緻的線條，蠻顯得有檔次。細腿的要求有二：一是鏡框也細，細胳膊細腿嘛，要搭配。二是少裝飾，重質地，講究的是材質的選用，細腿

眼鏡一般是金屬鏡框，要求噴漆表面有光澤但不要太閃亮，鏡腿細而堅固，架得穩，不容易變形。造型一般以圓形或類圓形鏡框為主，線條要柔和流暢。

板材眼鏡

板材眼鏡一般有幾個特點，一是眼鏡腿和眼鏡框偏大偏粗，二是色彩鮮豔，三是木有架鼻樑的那兩隻小扁腳。似乎自從周筆暢以後，板材眼鏡開始大行其道，平心而論，它確實比較適合拗造型，給人印象深刻。不過可惜的是，現在漸漸也成為非主流的愛物。

板材眼鏡比較時尚，但真理向前走一步有可能變成謬論，所以不要太過於追求所謂時尚。眼鏡裡加入板材的元素就行了。如果近視度數不高的話，可以選擇全框、半框或無框的。建議嘗試一下半框或無框的板材眼鏡，也就是說，只有半個鏡框＋眼鏡腿，甚至只有兩條眼鏡腿是板材的，其餘一片透明，看上去清爽時尚。如果近視度數高，鏡片比較厚的話，要問過配鏡師，自己的鏡片能不能塞進薄薄的鏡框裡哦。

不懂香水的女人，沒未來

很多女孩其實懂得香水的重要性，但我卻總遇到一些初入職場的女孩，身上散發出濃厚的廉價香精的味道。每到此時，我就

無限哀傷，為這個女孩的前途暗暗擔憂。你都已經懂得用香水來裝點自己了，為什麼不做足做好。很多有品味的香水也不過才幾千塊，這點投資都不願意去花，談什麼投資未來。

「女人與香水的關係如同女人與鏡子的關係一樣永恆」，瑪麗蓮・夢露這句話將「香水女人」的唯美、感性概念詮釋得淋漓盡致。讓人傾倒的女人都善用香水，她們會在步履穿梭間輕灑幽香，以此誘發人無窮的幻想。

年輕的女孩子們，香水的個性與自我的氣質應該渾然一體或相互補充，你應該根據你的感覺來選擇適合自己的香型。

內向

這種性格的女人追求情感上的平衡，既不活躍又不文靜，為人處世謹小慎微。

適用香型：樹木、乙醛、東方香型。

建議選用：伊莉莎白・雅頓的紅門（Red Door），它糅合了山中百合、玫瑰、橙花、風信子等溫婉迷人的香氣，嬌而不媚可以使內向型女士的冷傲融化，讓浪漫溫婉傾情而出。另外，戴安娜王妃鍾愛的「迪奧小姐」（Miss Dior）也可使你信心倍增。

外向

這種性格的女人心態總是保持平衡，很少憂鬱失望，熱情奔放能克服一切困難，對朋友坦誠，是可以信賴的對象。

適合香型：檀香、花香及水果香。

建議選用：詩芙濃的溫柔森巴（Samba Natural），它醉人的幽香為性格堅強且外向型女士更添一分深情。另外，嬌蘭的憂鬱

（L』Hevue Blue）或伊夫・聖洛朗的香檳（Champage）也是不錯的選擇。

睿智聰明

這種性格的女人聰明理智覺得可以和男人一樣撐起半邊天，承擔家庭責任，性格倔強突出。

適用香型：東方香型。

建議選用：香奈爾十九號（No.19）對那些行動能力強、處事態度獨立的女人來說是再合適不過了。

可愛

適用香型：曼陀羅花、香子蘭、柑橘調、甜香調等花香型。

建議選用：蓮娜麗姿的幸福女人（Deli Dela）、凱黎的聖大菲（Aanta Fe）的柑橘調，皮埃特的喧嘩（Fracas）也很適合你。

單純明朗

這種性格的女人喜歡簡潔明朗，不愛華麗，有著如詩般的純潔情懷。

適用香型：清新的水果香型。

建議選用：三宅一生的一生之水（L'EAU D'ISSEY），它純淨、自然、透明的質感以及甜蜜的果香味將是你的最愛。mnocent 的芳香好像清香的蘋果，讓人有一親芳澤的慾望，而 Tommy Girl Jeans 清新的果香中又蘊涵著花香，特別適合一些牛仔或是純棉質地的服裝。

此外，你還得學習一下如何正確地使用香水。東方系與激情派的濃烈香水，最好選用噴式，用噴頭一噴香水便漫向空中，你

就可以浸在香霧裡蘸取香氣了。噴霧的距離大概離身體一條胳膊長，然後在香霧中待上 2~3 秒鐘，你的身體就能充滿柔和香氣的誘惑了。

以香奈爾為首的好幾家香水廠商則提倡用這種用法，把香水先沾在一隻手的手腕上，然後再移往另一隻手的手腕，再從手腕移至耳後。香味依著體溫，隨著你的一舉一動揮發出來，要想不留香都難。這樣可以使香氣圓潤又舒適。

擦香水最基本的要求就是少量多處。在人群裡，如果感到誰散發出強烈的香氣，通常都來自一個地方，而且多半是上半身，就在鼻子一嗅便到的部位。其實，擦香水與香霧的道理是一樣的，平均而薄淡的香氣才是擦香水的高明辦法。

擦香水時，最好用自己的無名指推行。因為其他的手指力度太大，而無名指最溫柔，可使香氣柔和、甦醒。只要輕輕地在各個地方按壓兩次即可。

在衣服上噴香水與噴在肌膚上有所不同。抹在裙擺的兩邊是不錯的主意。此外，熨衣服的時候，在熨衣板上鋪一條薄手帕，噴些香水，然後再把衣服放在上面熨，可使香味更持久。香水噴在羊毛、尼龍的衣料上不容易留下痕跡，但香味留在純毛衣料上會較難消散。棉質、絲質衣料上很容易留下痕跡，而且千萬不要噴在皮毛上，因為香水不但會損害皮毛，而且會改變皮毛的顏色。

時尚教母香奈兒女士曾經說過，不懂香水的女人沒有未來。這句話如同她的品牌一樣，時間證明了真理的存在。

仰慕領袖風範，從領帶開始

　　每個男人都有領袖夢，有朝一日成為叱吒商海的精英幾乎是每個初入職場的男生的願望。領帶這個雖然不是過分張揚卻十分引人注目的東西，正成為社交場所男士品味的名片，成為手錶、皮帶、坐騎之後的又一身分象徵。

　　領帶上裝腔的學問可大了。很多年輕的小男生認為只要有一條領帶就行，路邊攤也有很多選擇，可是一條廉價的領帶掛在脖子上，等於向別人大聲宣稱你的沒品加窮困。所以，想要領帶為你增加氣場，第一步就是材質的選擇。

　　領帶的質料分面、裡、襯三部分，以面和襯最為重要，上等的領帶是用細羊毛織物做襯裡，高級專用緞子做面料。領帶是45°正斜絲裁的，這樣可避免繫紮時出現難看的綹或褶。因此，分析一條領帶的優劣，首先看繫紮時是否易起綹，接下來，看裁剪是不是正斜絲，襯裡是否服貼。領帶的圖案大致有單色、條紋、點式圖形、幾何圖形等。體型瘦長者適宜用精細疏密的圖案。中等體型者，可選斜條嵌幾何開頭或幾何小花卉圖案，給人以成熟、穩重、高雅之感。領帶的長度應根據自己的情況選擇適合的尺寸，通常情況下繫完領帶後，領帶的底端正好在腰上。提醒一下，臉部較寬者不宜佩戴細長的領帶，而臉細長者不宜選擇寬闊的領帶。

　　買好了領帶，下一步就是穿戴。打領結你會嗎？這裡介紹你

三種最常見的領帶繫法。

　　小結也叫普通結或簡樸結，繫結方法：領帶的大頭壓小頭，圍著小頭繞一圈後使大頭穿過這個圈繫緊。

　　大結也叫「溫莎結」，據說是英國著名的溫莎公爵發明的繫法，繫結方法：大頭壓小頭後，先在小頭一側繞一圈，然後再回到大頭一側繞自己一圈，再圍著小頭繞一圈，讓頭穿過這個圈繫緊。

　　中結也叫「小溫莎結」或「半溫莎結」，結的大小介於普通結和溫莎結之間，繫結方法：大頭壓小頭後，先在大頭一側繞一圈，再圍著小頭繞一圈，然後讓大頭穿過這個圈繫緊。這種繫法的共同特點是小頭一側不動，大頭圍著小頭繞，這樣在打開時是活結而不是死結。

　　繫完領結後一定要檢查領帶是不是繫得過鬆或過緊，最標準的檢驗方法就是請不要扣襯衫的第一粒扣子，由領帶來把左右襯衫領子拉合到一起，這也是歐洲人的習慣做法。特別值得注意的是打完結後，一定要在繫領帶時，保證領帶結微微翹起。

　　一個有品味的男人，一定會為自己挑選一條最得體的領帶，並具有高超的繫領結技術，因為他們懂得在社會交往中，領帶是男人身分的象徵，是送出的第一張名片。

一塊腕錶，十足腔調

判斷一個人的財力、品味，腕上的一塊錶絕對是最佳參考。

對大部分「非二代」新人來說，一塊高級腕錶只是遙不可及的夢想。但是沒關係，屌絲也要有夢可做。對這些頂級逼格常識的瞭解，有助於你判斷其他人的段位。以後遇到別人，首先看他戴的錶，就能大致判斷出他屬於什麼階層。而那些頂級名錶，你一定要記牢。在 Party、宴會、各種重大場合上看到這樣的人，說不定就能成為你可遇不可求的「貴人」，大膽地上去搭訕吧。

前期儲備知識，當然是要認識一下這些世界頂級名錶——

百達翡麗（Patek Philippe）

瑞士現存唯一一家完全由家族獨立經營的鐘錶製造商。百達翡麗錶一向重視外形設計與製作工序，製錶工序全部在日內瓦原廠完成，是全球眾多品牌表中唯一一家全部機芯獲「日內瓦優質印記」的品牌。

愛彼（Audemars Piguet）

愛彼推出的全精鋼材質的高端運動錶系列「皇家橡樹」是錶業經典。它在瑞士設有鐘錶學校，每名學徒必須在鐘錶學校修完四年課程，才能取得鐘錶匠資格。此外，還要經過一至二年訓練，才能製造超薄機芯，而要開始製造複雜機芯前，還需十年訓練。

江詩丹頓（Vacheron Constantin）

是世界上歷史最悠久、延續時間最長的名錶之一。被譽為貴族中的藝術品，一直在瑞士製錶業擔當著關鍵角色。目前隸屬瑞士歷峰集團。

積家（Jaeger LeCoultre）

積家在 1907 年推出了世界上最薄的機械機芯，在 1929 年推出了世界上最小的機械機芯。積家 1931 年專為馬球選手推出的腕錶為高檔腕錶中罕見的經典之作。目前隸屬瑞士歷峰集團。

伯爵（Piaget）

二十世紀六〇年代以來，伯爵一邊致力於複雜機芯的研究，一邊發展頂級珠寶首飾的設計。從設計、製作蠟模型到鑲嵌寶石，伯爵錶始終秉承精益求精的宗旨。其「手銬腕錶」和「硬幣腕錶」設計出眾，是伯爵錶中的珍品。目前隸屬瑞士歷峰集團。

寶珀（BLANCPAIN）

寶珀是現存歷史最久的、最古老的腕錶品牌。寶珀沒有流水作業式的工廠，製造過程全部在古舊的農舍內進行，由個別製錶師親手精工鑲嵌。直至今日，每一枚寶珀均由製錶師親自檢查、刻上編號及簽名為記，其品質管制之嚴格，與多年前的做法無異。

寶璣（Breguet）

寶璣手錶深受皇族垂青，法國國王路易十六和瑪利皇后都是寶璣的推崇者。巴爾扎克、普希金、大仲馬、雨果等文豪的著作中也都曾提及寶璣表。英國女王維多利亞和英國首相邱吉爾等名

人都是寶璣的顧客。

卡地亞（Cartier）

卡地亞擁有 150 多年歷史，是法國珠寶金銀首飾的製造名家。卡地亞手錶一直是上流社會的寵物，歷久不衰。目前隸屬瑞士歷峰集團。

勞力士（Rolex）

這可能是最被國人熟知的名錶品牌。勞力士手錶的設計莊重、實用，不顯浮華的風格，受到大批人喜愛。

懂得了以上知識，當別人問起你的目標時，請微微一笑，說：「為兒子留下一塊傳家的百達翡麗。」

高端文藝咖當然要用大牌文具

如今，手提一個 LV 已經稱不上裝腔絕招了。你看看，滿大街的 Logo，連擠公車買菜的大媽也提著 LV，萬一跟你撞款，你連哭的心都有了吧。但是，裝腔界總能找到更新鮮的玩具。我要告訴你，LV 也出文具！

你沒有聽錯，就是文具。從鋼筆到墨水，從信箋到筆記本，應有盡有。自 1995 年以來，LV 就致力於發展多層級奢侈品戰略。開設的文具精品店，主要專注於筆、寫作工具等。

開設在巴黎聖日爾曼（Saint-Germain）的文具店，隨著古董

桌椅、室內裝潢別具東西方書卷氣息，其高科技則別有洞天地內藏於鋼筆之中，在任何環境下（甚至航空時），都能防止筆中的墨水滴漏，讓旅行者更方便自在書寫。早前便首度曝光系列單品，從一瓶 35~1750 歐元的墨水，甚而跳至五位數的（定制化）文具箱，這般豪華，早已吸引了上百位收藏家蜂擁而至。

LV 還為文具推出了最新的宣傳片「Writing is a journey」——落筆即旅行。是不是有夠文藝。於城市、山水間的流連忘返，行萬里路的意義讓心靈再次感知世間萬物的微妙與不可思議，旅途中得來的關於音樂、繪畫、寫作的靈感，更像是上天的厚愛。旅行，讓自己感知與融入世界，也讓世界蕩起內心的浩瀚。

作為一個高端的文藝愛好者，你怎麼能不來一套。買不起一套也好歹買一支鋼筆。默默藏在隨身的包裡，再當著同事的面拿出來，簽收一個快遞。

「呀，你的鋼筆很好看，為什麼還有 LV 的 Logo 啊，哈哈哈哈。」

當無知的同事想要嘲笑你用山寨貨時，請你抬起頭直視對方：「你說對了，這就是 LV 最新的文具系列。我朋友知道我的喜好，專程在巴黎給我買的。呵呵。」然後雲淡風輕地離去，把一個 SB 留在原地。

最遠的距離，是從蘋果 N 袋到蘋果 N 代

「世界上最遙遠的距離，是我們都在逛街，你去買蘋果四代，我去買蘋果四袋。」

這是一個被講爛了的話題，而說到今天，早已經不是 iPhone 的天下。但蘋果產品，還是以其超強的設計感、無可挑剔的使用體驗，博得了眾多果粉的青睞。當然，其中也混雜著無數想要以此來裝飾逼格的人。

現今為止，我將最易於用來裝腔的蘋果產品列舉在此，供各位賣腎參考。

iPod Classic

必須要感謝蘋果創造了 iPod 這枚神器。接受用渣一般音質的手機聽歌？絕對不能接受！品味，懷舊，經典，Classic 飽含了裝腔的文化精髓。那些默默罵你腦殘＋裝腔的人，心中一定默默欣賞你的選擇。

iPhone 5

iPhone 4 很是在裝腔界活躍了一陣子，但江山代有人才出，後浪總要把前浪拍死在沙灘上。iPhone 5 雄赳赳氣昂昂地來了。到手之後拿到辦公室走廊，見到有同事過來，立刻假接來電：「我拿到 iPhone 5 了，哈哈，比我想像中價位要低一些，竟然比最新 Galaxy Note 都便宜，先用用看，我還是覺得蘋果的系統無可挑剔。」買不起五袋蘋果的朋友請自動人肉遮罩此部分，以免

過度悲傷影響夫妻感情和社會穩定。

Macbook Pro with Retina

對於筆記型電腦而言，追求配置的裝腔能力弱，初級裝腔追求外形，進階裝腔追求體驗。如今，在星巴克裝腔還用 Macbook Air 的人，需要提升一下裝腔經費了。重新購置新一代 Macbook Pro with Retina，輕盈身姿、曼妙三圍，才能讓你的逼格瞬間秒殺旁人！

當然，滿大街的 iPad 我就不多說了。最後提醒一點，即便你真的是虔誠的果粉，也別把你的蘋果產品一氣兒都秀出來。一個耳朵裡插著 Classic、右手拿 iPhone，左手端著 Pro 的人，將會因為裝 B 氣息太濃烈而招致仇恨，這就叫過猶不及！

CHAPETR
ELEVEN

網路裝腔，滴水不漏

微博、臉書之上曬曬生活品質

前段時間有個特別火的「花果山裝腔指南」，作者在微博上發表了一系列小短文，將微博上的裝腔眾人像描摹得活靈活現。什麼？你沒看過？那只能證明你真的是落後於時代的老古董，趕緊上微博或臉書。

不過，作者的級別顯然比較高，裝腔的段位也不是一般人能達到。尤其是新入職的新人們，如果採用這套裝腔指南，那顯然是有點兒過。你一定得找到符合自己身分的裝腔方法。而我覺得，微博或臉書這個平臺最適宜的是曬曬你的生活品質。

存了好久的錢終於去了那個有名的西餐廳，這時不曬更待何時！掏出智慧手機，對著精美的食物一頓狂拍。然後用修圖軟體美化一番，末了別忘了附上一張自己的自拍美照。然後附上文藝的一句「只有美食與自己不可辜負」，好了，發送！

或者週末去郊區爬趟山，人擠人的地方你可別拍照。專挑人少清淨、景色優美的地方哢嚓。然後附上一句「終於遠離城市的霧霾，久違了自然」，好了，發送！

又或者網上團購一張電影票，記住是要 3D 的。在暗暗的燈光下，把你的電影票和 3D 眼鏡擺在一起拍照，附上一句「期待已久的蝙蝠俠，我來了」，好了，發送！

要不然就買一本最近暢銷的書，翻開幾頁倒扣在桌子上，旁邊擺上一杯咖啡。附上一句「不如預期中好，不過倒是適合消磨

週末時光」，好了，發送！

最後你也得自己在家做個蛋糕，縱然是歪瓜裂棗，你也要勇敢地曬出來，附上一句「廚藝修煉中，有朋友願意試吃嗎」，好了，發送！

總而言之，找到各種能反映你生活品質的場景，拍照，附上一句略文藝的話，然後發送到微博或臉書上。如此一來，你的微博或臉書彷彿就是你的個人生活品質實錄，如此豐富多彩的生活當然能顯得你腔調十足了。擺給老鳥們看，他們也會羨慕你繽紛多彩的生活。

最後，記得一定要和粉絲交流。

精挑細選 APP，手機螢幕就是你的第二張臉

還在問我「什麼是 APP」的人，請自行面壁半小時。

出於誨人不倦的良好品德，我在這裡繼續叨叨幾句。APP 就是英文 Application 的簡稱，由於 iPhone 等智慧手機的流行，APP 就是指智慧手機的協力廠商應用程式。也就是你的手機螢幕上那些圖示所代表的軟體程式。

如今，APP 已經成為人們不可分割的器官之一，是繼眼睛、耳朵感知世界的又一功能延伸的器官。APP 可以告訴你去哪裡吃飯、去哪裡旅遊、去哪裡淘便宜。不過也出現了一個問

網路裝腔，滴水不漏

題——安裝哪些 APP 會讓你看起來比較有腔調？

遊戲可以裝，但一定要精簡再精簡。有一兩個證明你有些童心就夠了。記得要裝那些讓你顯得有品味的 APP。比如各種雜誌的電子版，記得必須裝 Twitter 和 Facebook 還有 Flickr。

此外，顯得和工作有關的 APP 程式請預裝一大堆，從檔案傳輸到 PPT 製作，從錄音到影像處理，你的手機有多大容量就裝多少。這樣的一個手機拿出來，就顯得你是一個標準的商務分子。

我再嘮叨幾句，手機不要貼膜啊。手機殼請斟酌再三，為了保險起見還是先別用。此外，如果你用 iPhone 不一定要最新的，在 5 都出來的今天，拿個簡單的 4 就足夠了，這樣顯得你資格老。但記得系統一定要用最新的，雖然可能不能越獄，但是也無所謂，你可以一臉正氣地對人說，我用軟體都是在 Appstore 上買正版的，我覺得用盜版的人真可恥。反正我需要的都是一些免費軟體，越獄不越獄無所謂。不過千萬別承認這是你的第一台 iPhone，如果別人問的時候，你應該揚起頭撇撇嘴：「我在賈伯斯還在皮克斯的時候就開始用 iPod 了。」

總之，千萬別忽視了手機這個細節。我可不是嚇唬你，我那個做 HR 的朋友，現在已經養成了一個習慣，他總會在面試中，問面試者：「能讓我看看你的手機嗎？」據他說：「一個人的手機就是他的第二張身分證，對方的興趣、品味都可以反映出來。」

加 V——你是個有身分的人嗎？

想要在微博上顯得腔調十足又身分高端，當然要在你的名稱尾碼上一個亮閃閃的大「V」啦。所謂加 V，也就是通過一系列認證，用微博官方的名義彰顯你的身分。簡單點說，加 V 之後，你在微博上就是一個有身分的人了！有了大 V，能為你招來更多粉絲關注，而你發表的言論也顯得更加確實有力。

不過，現在新浪微博認證申請加 V 認證越來越難，不是知名度不夠，就是認證資料不夠全面被拒絕，主要是大家沒有掌握好一個方法，做任何事情都需要掌握方法的。這一節的福利就是告訴大家通過微博認證的方法，幫你實現一天認證成功加 V。

加 V 認證流水帳

首先，當然是要有你自己的新浪微博，如果沒有就趕緊註冊一個。昵稱就隨便取啦，不過要注意不要違規的昵稱。最好是自己真實的名稱方便朋友找到。

但是認證加 V 需要有些限制條件，那就是你的關注人數不少於 50 人，粉絲不低於 100，微博內容不少於 10 篇。要求並不算高，如果是剛註冊微博，你就把一眾明星和微博紅人都關注了，然後招呼一群朋友關注你。很容易就能達到要求。

達到要求後，你進入自己微博點擊頁面最下方的申請認證。上傳你的身分證照、工作證明（例如工作證加蓋公章，名片等）、手機號碼、輸入認證顯示文字，也就是認證的頭銜，比如

某某公司總經理，某某公司創始人，目前認證需要加上區域，例如上海某某公司總經理。

資料填完之後，點擊提交認證即可，等待新浪工作人員審核，審核日期現在基本是 1~7 天，資料全當天就能通過。當一個明晃晃的大 V 點綴在你的微博名稱旁邊時，你的身分立刻就躍升了一個檔次，進入到有身分的高端人群系列。

當然了，也有另一種裝腔方式，那就是對外高調宣稱「不加 V」。你可以用很多條微博來表明你的身分，比如放上開會時敞亮的會議廳、某行業內大會的會場、某大咖演講會照片，或者與某些加 V 的人士互動頻繁，經常互相轉發一下彼此的微博，以此暗示你在某個行業內的重要地位。但你就是不加 V，顯得生性淡泊名利，不屑與俗流為伍。

超炫簽名庫，文藝、2B 應有盡有

在網路世界裝腔調，有一個小細節你千萬不能忽略——各種簽名檔。包括 QQ 簽名檔、微博簽名檔，但凡需要你放一個精練句子的地方，你都要重視起來。因為簽名檔人人看得見，是被關注率最高的東西，它也代表了你的興趣、口味、幽默感、聰明程度等各種屬性。一個有趣甚至奇葩的簽名檔，會成為朋友們聊天的話題。

另外，簽名檔也是一個不用和對方面對面，就讓對方知道你心情的利器。失戀男女互傳心意，基本都靠簽名檔了。

絞盡腦汁也想不出好的簽名檔？沒關係，這些網路達人們的炫酷簽名檔供你參考。

給前任

不是我們不合適，只是你們比我們合適。

我媽就生了我一個限量版，愛不愛，你看著辦。

諾言還是敵不過時間，我的世界裡不會再有你的諾言。

你把別人想得太複雜，是因為你也不簡單。

喜歡一個人簡單，但是讓喜歡的人喜歡自己好難。

下輩子如果我還記得你，我死都不和你在一起。

漸漸地，漸漸地，有些人變得賤賤的。

世界上有兩個我，一個假裝快樂，一個真心難過。

你以為你是誰？你就是潑出去的水、我連盆都不要。

我就是那種被人背叛連眼淚都懶得流的人。

吐槽減肥

最容易餓的人一般都是胖子，因為有個成語叫做：最餓身重（罪惡深重）。

一稱體重，我就很不開心。我不開心的時候就想吃東西。

不知不覺愛貪吃了，後知後覺又發胖了……

聰明自嘲黨

當幸福來敲門的時候，我怕我不在家，所以一直都很宅。

儘管給我往死裡傷，老子來這個世界就沒打算活著回去。

早早起來真的可以做許多事，比如，再睡一覺。

我以為我很頹廢，今天我才知道，原來我早報廢了。

臉乃身外之物，可要可不要；錢乃必要之物，不得不要。

我要讓全世界知道我很低調。

真正的勇士敢於正視漂亮的美眉，敢於直面慘澹的單身。

毒舌惹人愛

哪家的名門之後啊，你爹是天蓬元帥啊！

別管我要安全感，你以為我是專門殺毒的軟體啊！

你長得如此多嬌，引無數瞎子競折腰。

沒有醫保和壽險的，天黑後不要見義勇為。

穿的再好，一磚撂倒。

作為失敗的典型，你實在是太成功了。

就你這個樣子，這個年齡，已經跌破發行價了。

我從不以強凌弱～～～我欺負他之前真不知道他比我弱。

老闆，來一碗粉絲！

每個織微博的人都希望自己粉絲多多，關注多多。不要不承認，否則你幹嘛每天看無數遍呢。可是如何漲粉呢？其實漲粉絲就和漲姿勢一樣，是有奧秘的。這裡就告訴你一些網路達人們的增粉秘訣。

曬出你的職業

不容忽視的是，職業也是微博粉絲大量增加的一個重要因素。很多社會職業，由於其特殊性，在微博上有著自然的吸引力。新聞媒體的從業人員在微博中的比例相當的高。這一方面，是媒體人員需要從微博當中獲取更多的資訊；另一方面，媒體人員也經常在微博上發佈資訊，很多相關行業的人士也會對媒體人員的微博舉動加以關注，以期獲得資訊或動態。實際上，與此類似的還有很多職業，比如公務員、警察、房地產、金融行業等，越是敏感的行業，可能被關注的程度越高。

自我介紹來一點

對那些對你還不太熟悉的陌生人而言，要想讓他們成為你的粉絲，還得增加自己個人的信息量。在微博上有自己的個人簡介，會讓很多粉絲在你的特點中找到他（她）的興趣關注點，從而成為你忠實的粉絲。比如添加上出生地，就會馬上有很多「老鄉」粉絲關注你。

勤奮織微博

別怕當「話癆」，一定要勤奮織微博。微博當中有很多資訊是共用的，每個人說的話都很快被上傳到網上去，有些還是循環出現。總有人會看到你說的話，也總有人會對你說的話產生好感和共鳴，自然地他（她）就很快被你「俘虜」而成為你的粉絲了。

關注名人「傍大款」

在微博上，要想粉絲多，也還是需要「傍大款」的。那就是要關注微博上的名人，因為名人往往有很多有特色的發言或者圖

片，也會透露出很多資訊。關注名人之後，你興許也會發表一些言論，由於微博的通透性很強，每個人的微博發言都可能被其他人所關注到，因此你也可以傍著「大款」，讓其他人關注到你，從而成為你的粉絲。

頭像一定帥呆美翻

在文字居多的微博裡，如果想讓自己的微博出位，顯然要在圖片上下工夫。帥哥、美女以及有意思的圖片，是人見人愛的。選擇自己的寫真照片或者頗有特色的照片，哪怕是動漫作品，也會增加自己的人氣。

美圖總是不嫌多

這就與更換頭像一樣，頻發美圖，可以改變微博上光是文字的不直觀、不生動的狀況，通過圖片的吸引力，增加自己微博的人氣。所以要經營好自己的微博，首先得把圖片做得豐富有趣。看看人家名人姚晨的微博，不就是靠一張張閒言碎語式的圖片取勝的嗎？

與粉絲互動

微博在網路上給了人們平等交流的機會，人們日常的互相尊重和理解也是不能少的。都說「仁者無敵」，在成為微博紅人的同時，適時關愛你的粉絲，也能夠帶起更多的粉絲進入。所以，最好在別人成為你的粉絲的同時，將他們作為自己的粉絲。

互為粉絲，在通透性很強的網路微博下，意味著不僅你的發言他（她）可以看到，他（她）的發言你也可以看到。網路是相連的，其他人也會在你的關注和發言中，找到與你「情投意合」

的契合點，從而成為你的粉絲。這一傳十、十傳百，就會有更多的人關注你。

輕鬆積攢博客人氣

在微博大行其道的今天，再談博客這個話題顯得有點過時。就跟滿大街蘋果機，而你拿出一個諾基亞一樣。但從另一個角度來看，繼續使用博客，顯得你是一個有情懷的人，不隨大流，「Follow my heart」的論調一拋出，就會引無數粉絲競折腰。

而且，你也可以用博客討論更深刻的話題，同時說：「微博這種碎片化的訊息，只會讓你的時間和注意力都越加零散，達不到深度思考的目的，久而久之，你的思考習慣都變得膚淺。」這樣一來，你再也不會顯得過時，而是整個腔調都上去了，整個一個公知範兒！

當然，說起了博客，就不得不再說說逃不開的一個話題——如何積累博客的人氣。試想自己每天更博，勤勤懇懇，卻無人問津，自然會喪失了更博的動力。毋庸置疑的是，越多數量的博客評論越能帶來更多的博客人氣，人們看到一個博客裡的評論數量多，就會在印象中提升這個博客價值，從而也會更加關注這個博客。

以下是某知名博主總結的輕鬆積攢人氣心法，各位看仔細

了！

心法一：想別人來看你，就多去看看別人

禮尚往來這個道理無論用在現實生活中還是網路中都是適用的，當你在另一個博客留下評論，自然會獲取博主的注意，不久你就會發現自己的博客會出現那個博主的腳印甚至是評論。當然，獲得評論的前提是你留下的評論都是有價值的，並不是無聊的一眼就看出來的廣告和祝福評論。只有這樣才能吸引其他博主禮尚往來的評論，同時自己得到的評論才會顯得更認真、更有價值，有價值的評論才能進而吸引別人的關注。

心法二：互動要積極又及時

想想看，如果你留下了評論但卻很久沒有回應甚至根本收不到回應，原先的熱情就會被冷卻，同時也不願再去關注。及時給予評論和留言回覆，會讓留言的人獲得被重視、被關注、被回應的感覺，做一件事很快獲得了回應，會加深人們對這件事的熱情。於是當一條評論很快得到了回覆，人們通常會接著回覆，或者接著關注這個博客產生更多的評論。這就是衍生的道理，一條評論可以衍生更多條，獲取更多人氣。

心法三：提問

每個人都有好奇心和解答問題的心，當你的文章提出問題時，就會引起人們的注意。人是很容易被刺激的，如果你的文章中出現問號，人們也會無意識地隨之開始思考，當思考出一定結果時，就會有想要說出自己的結果的慾望，從而也會產生評論的慾望。

作者現在看到還在繼續認真寫博客的人，都會生出幾分敬意。在速食麵、速食愛情、速食人生觀都越加猖獗的今天，老老實實地碼字是一種多麼孤獨而高貴冷豔的態度啊。遇到還在認真寫博客的對象，就從了吧！

讀者回函卡

謝謝您選購這本書！為加強對您的服務，請您詳細填寫本卡各欄後寄回，即可不定期收到本公司最新出版資訊，享有我們所提供的各種服務及優惠哦！

姓名：_____　性別：□男　□女　出生日期：___年___月___日

電話：(公)_____　(宅)_____　(傳真)_____　(手機)_____

電子信箱：_____

地址：_____

學歷：□高中職含以下　□專科　□大學　□研究所含以上

職業：□學生　　　□金融業　　　□服務業　　　□資訊業　　　□貿易業
　　　□製造業　　□營造業　　　□軍公教　　　□自由業　　　□其他_____

職位：□負責人　□高階主管　□中階主管　□專業人士　□職員

購買書處：□_____市(縣)_____書店　□其他

何處得知本書：（可複選）
　　　　　□書店　　　□書展　　　□校園活動　□他人推薦
　　　　　□新聞報導　□廣告信函　□網路　　　□其他_____

本書價格：
　　　　　□偏高　　　□合理　　　□偏低

閱讀嗜好：
　　　　　□文學　　　□史學　　　□哲學　　　□宗教
　　　　　□心理勵志　□醫學保健　□自然科學　□應用科學
　　　　　□社會文學　□企管財經　□科技電腦　□休閒
　　　　　□音樂藝術　□家政　　　□漫畫　　　□其他_____

希望以何種方式收到最新出版訊息：
　　　　　□郵件　　　□傳真　　　□電子郵件

對我們的建議：_____
_____
_____
_____
_____

讀者服務專線(02)2223-5029　　讀者服務傳真(02)3234-8050

客戶服務信箱 jingpinbook@yahoo.com.tw

菁品文化事業有限公司

23556 新北市中和區立德街 211 號 2 樓

書號：N0066

書名：職場新人脫胎換「裝」指南——不動聲色漲姿勢

菁品出版・出版精品

國家圖書館出版品預行編目資料

職場新人脫胎換「裝」指南——不動聲色漲姿勢／四囍編

著. -- 初版. -- 新北市：菁品文化，2014. 09

面；　公分.--（新知識；66）

ISBN 978-986-5758-47-9　　（平裝）

1. 職場成功法

494.35　　　　　　　　　　　　　　　　　　103012459

新知識 066

職場新人脫胎換「裝」指南——不動聲色漲姿勢

編　　著　四　囍
發　行　人　李木連
執 行 企 劃　林建成
封 面 設 計　上承工作室
設 計 編 排　菩薩蠻電腦科技有限公司
印　　刷　普林特斯資訊股份有限公司
出　版　者　菁品文化事業有限公司
　　　　　　地址／23556 新北市中和區立德街 211 號 2 樓
　　　　　　電話／02-22235029　傳真／02-32348050
E - m a i l　jingpinbook@yahoo.com.tw
郵 政 劃 撥　19957041　戶名：菁品文化事業有限公司
總 經 銷　創智文化有限公司
　　　　　　地址／23674 新北市土城區忠承路 89 號 6 樓（永寧科技園區）
　　　　　　電話／02-22683489　傳真／02-22696560
網　　址　博訊書網：http://www.booknews.com.tw
版　　次　2014 年 10 月初版
定　　價　新台幣 280 元　　（缺頁或破損的書，請寄回更換）

I S B N　978-986-5758-47-9
版權所有・翻印必究　　　　　（Printed in Taiwan）
本書 CVS 通路由美璟文化有限公司提供　02-27239968

菁品出版・出版精品

菁品出版・出版精品

菁品出版・出版精品

菁品出版・出版精品